OSTWALDS KLASSIKER
DER EXAKTEN WISSENSCHAFTEN
Band 244

Georg Simon Ohm
1789 - 1854

Gustav Theodor Fechner
1801 - 1887

OSTWALDS KLASSIKER
DER EXAKTEN WISSENSCHAFTEN
Band 244

Das Grundgesetz des elektrischen Stromes

Drei Abhandlungen
1825 und 1826
1829

Georg Simon Ohm
Gustav Theodor Fechner

herausgegeben von
Carl Piel

Verlag Harri Deutsch, Thun und Frankfurt am Main

Die Deutsche Bibliothek - CIP-Einheitsaufnahme

Das **Grundgesetz des elektrischen Stromes :** drei Abhandlungen 1825 und 1826, 1829 / Georg Ohm ; Gustav Theodor Fechner. Hrsg. von Carl Piel. - Nachdr. der Ausg. Leipzig, Akad. Verl.-Ges., 1938. - Thun ; Frankfurt am Main : Deutsch, 1996

(Ostwalds Klassiker der exakten Wissenschaften ; Bd. 244)

ISBN 3-8171-3244-1

NE: Ohm, Georg Simon; Fechner, Gustav Theodor; Piel, Carl [Hrsg.] ; GT

ISBN 3-8171-3244-1

Die Druckvorlage wurde freundlicherweise von der Bibliothek des Instituts für Geschichte der Naturwissenschaften der Universität Frankfurt/M. zur Verfügung gestellt.

1. Auflage Akademische Verlagsgesellschaft Geest & Portig K.-G., Leipzig

2. Auflage 1996, 2001

Druck: Rosch - Buch Druckerei GmbH, Scheßlitz

Inhaltsverzeichnis.

		Seite
I.	Georg Simon Ohm. Vorläufige Anzeige des Gesetzes, nach welchem Metalle die Kontakt-Elektrizität leiten	1—7
II.	Georg Simon Ohm. Bestimmung des Gesetzes, nach welchem Metalle die Kontakt-Elektrizität leiten, nebst einem Entwurfe zu einer Theorie des Voltaschen Apparates und des Schweiggerschen Multiplikators	8—29
III.	Gustav Theodor Fechner. Drei Versuchsreihen, welche die elektromotorische Kraft und die einzelnen Elemente des Leitungswiderstandes betreffen	30—38
	Anmerkungen	38—45

GEORG SIMON OHM.

I.

Vorläufige Anzeige des Gesetzes, nach welchem Metalle die (110) Kontakt-Elektrizität leiten.

SCHWEIGGERs Journal für Chemie und Physik. Bd. 44, S. 110—118. 1825.

Durch mehrere Wahrnehmungen veranlaßt, habe ich sorgfältige und vielfach wiederholte Versuche über die Fortleitung der Kontaktelektrizität in Metallen angestellt und Resultate erhalten, zu deren schleuniger Mitteilung ich mich um so mehr bewogen fühle, da meine geringe ziemlich verkümmerte Muße mir es nicht verstattet, das Ende dieser Untersuchungen so bald herbeizuführen. Und ich hoffe dem teilnehmenden Publikum einen Dienst zu erzeigen, indem ich an jeder Stelle den Grund angebe, der mich zu einer neuen Reihe von Versuchen bewog.

Zu den Versuchen selbst gebrauchte ich einen Kupfer-Zinktrog von 13 Zoll Höhe und 16 Zoll[1]) Länge. Aus dem Zink ging ein Draht *A* in ein Gefäß mit Quecksilber *M*, aus dem Kupfer ein Draht *B* in ein Quecksilbergefäß *N*; ferner wurde ein Draht *C* aus dem Gefäße *M* in ein drittes *O* geleitet. Der Kürze halber werde ich die Drähte *A*, *B*, *C* (111) zusammengenommen den *unveränderlichen Leiter* nennen. Außer diesen hatte ich noch 6 andere *o*, *a*, *b*, *c*, *d*, *e*, deren Längen beziehlich $^1/_3$, 1, 3, 6, $10^1/_3$, 23 Fuß[2]) betrugen, und die dazu dienten, die Gefäße *N* und *O* miteinander zu verbinden und so die Kette zu schließen, ich werde sie *veränderliche* nennen. Diese veränderlichen Leiter mit Ausnahme des Leiters *o*, der sehr dick war, hatten 0,3 Linien im Durchmesser. Über dem Teile *C* des unveränderlichen Leiters hing eine Magnetnadel in einer Coulombschen

Drehwaage von besonderer Einrichtung, die der jedesmaligen Kraftbestimmung zum Maßstab diente.

Erste Reihe von Versuchen.

Der unveränderliche Leiter war 4 Fuß lang und $1^1/_4$ Linie dick[3]). Die veränderlichen Leiter wurden in folgender Ordnung angewandt: *o*, *a*, *o*, *b*, *o*, *c*, *o*, *d*, *o*, *e*, *o*, und jedesmal die Kraft des unveränderlichen Leiters auf die Magnetnadel gemessen. Aus vielen solchen Versuchsreihen ergaben sich folgende Mittelwerte für den Verlust[4]) an Kraft, welcher eintrat, wenn ein veränderlicher Leiter die Kette schloß:

Leiter	*o*	*a*	*b*	*c*	*d*	*e*
Kraftverlust beobachtet	0,00	0,12	0,25	0,35	0,43	0,58

Der Zahlenreihe liegt die Kraft des Leiters *o*, die ich *Normalkraft* nennen werde, als Einheit zugrunde. Diese Normalkraft wurde an der Drehwaage durch 150 Teile, deren 100 eine ganze Umdrehung ausmachen, angezeigt.

Die Werte dieser Zahlenreihe lassen sich sehr genügend
(112) durch die Formel $v = 0{,}41 \cdot \log(1 + x)$ darstellen, wobei v den Kraftverlust und x die Länge des veränderlichen Leiters in Fußen anzeigt. Man erhält hieraus durch Rechnung:

Leiter	*o*	*a*	*b*	*c*	*d*	*e*
Kraftverlust berechnet	0,00	0,12	0,25	0,35	0,43	0,57

Um mich zu überzeugen, ob diese Übereinstimmung nicht vielleicht doch nur zufällig sei, konstruierte ich einen neuen veränderlichen Leiter *f* von 75 Fuß[5]) Länge. Die Beobachtung gab seinen Kraftverlust

= 0,78 bei einer Normalkraft von 168 Teilen
und = 0,75 „ „ „ „ 130 „ .

Die Rechnung gibt für diesen Kraftverlust 0,77 bei einer Normalkraft von 150 Teilen.

Zweite Reihe von Versuchen.

Differenziert man die Gleichung

$$v = 0{,}41 \cdot \log(1 + x),$$

so erhält man $dv = m \cdot \frac{dx}{1 + x}$.

Durch diese Form der Differentialgleichung kam ich auf den Gedanken, ob nicht vielleicht ihre allgemeine Form sein werde $dv = m \cdot \frac{dx}{a + x}$, wobei a[6]) von der Länge des unveränderlichen Leiters abhängig sein dürfte; denn da der 4 Fuß lange unveränderliche Leiter $1^1/_4$ Linie dick war, so war es möglich, daß diese Länge der von einem Fuße des 0,3 Linien dicken Drahtes das Gleichgewicht hielt. Findet sich diese Vermutung bestätigt, so verwandelt sich obige Formel in diese

$$v = m \cdot \log\left(1 + \frac{x}{a}\right).$$

Um hierüber zur Gewißheit zu gelangen, substituierte ich statt der Teile A und B des unveränderlichen Leiters, (118)
welche zusammen $2^1/_2$ Fuß ausmachten, zwei andere von derselben Länge und 0,3 Linien Dicke. Damit angestellte Versuche gaben bei einer Normalkraft von 133 Teilen

Leiter	*o*	*a*	*b*	*c*	*d*	*e*	*f*
Kraftverlust beobachtet	0,00	0,07	0,16	0,24	0,32	0,49	0,75

Da aber von dem dicken Drahte $1^1/_2$ Fuß blieb und $2^1/_2$ Fuß dünner hinzukam, so wäre (wenn nach der oben aufgestellten Vermutung 4 Fuß vom dicken einem Fuß vom dünnen Drahte gleichkämen) für beide zusammen 2,9 Fuß dünner zu setzen. Berechnet man nun v aus voriger Formel, indem man $a = 2{,}9$ und $m = 0{,}525$ setzt, so findet man

Leiter	*o*	*a*	*b*	*c*	*d*	*e*	*f*
Kraftverlust berechnet	0	0,07	0,16	0,25	0,34	0,50	0,75

und man sieht leicht, daß der Wert von m, der allein aus dem Kraftverlust des Leiters f hergeholt worden ist, den Beobachtungen noch besser hätte angepaßt werden können. Übrigens ist zu bemerken, daß die hier beobachteten Werte nur aus einer einzigen Reihe von Versuchen hergeleitet sind.

Dritte Reihe von Versuchen.

Ich hatte unterdessen einen ziemlichen Grad von Sicherheit in Versuchen dieser Art erlangt und war auf einen Umstand aufmerksam geworden, der leicht einen Irrtum von 2 und mehr Teilen in jeder einzelnen Beobachtung an der Drehwaage herbeizuführen imstande ist, und den ich in den vorigen Versuchen nicht berücksichtigt hatte, weil er mir damals noch unbekannt war. Dieser Umstand besteht in folgender an sich merkwürdigen Tatsache.
(114) Wenn nämlich unmittelbar auf den Leiter *o* einer der andern veränderlichen in die Kette gebracht wird, so bedarf es wohl einer halben Minute und darüber Zeit, bis die Wirkung auf die Nadel ihr Maximum erreicht hat, das man abwarten muß, wenn man nicht eine zu kleine Zahl aufzeichnen will; und umgekehrt, wenn nachher wieder der Leiter *o* in die Kette kommt, so ist die Wirkung auf die Nadel in der ersten Zeit zu groß, und man muß, um sicher zu gehen, ihr Minimum abwarten.

So ausgerüstet beschloß ich zur Sicherstellung des aufgefundenen Gesetzes eine neue Reihe von Versuchen, die für jeden Leiter nur aus zwei Beobachtungen, welche äußerst nahe miteinander übereinstimmen, besteht. Dabei brachte ich an die Stelle des Teiles *C* vom unveränderlichen Leiter 2 Fuß 0,3 Linien dicken Draht, so daß also im ganzen der unveränderliche Leiter jetzt aus 4,5 Fuß von demselben Draht bestand, woraus die veränderlichen Leiter *a* bis *f* gebildet waren. Das Resultat dieser Versuche war folgendes:

Leiter	*o*	*a*	*b*	*c*	*d*	*e*	*f*
Kraftverlust beobachtet	0,00	0,04	0,10	0,16	0,23	0,36	0,56

Setzt man in obige Formel, was hier geschehen muß, $a = 4{,}5$ und wählt für m den Wert 0,452, wie ihn die letzte Angabe liefert, so findet man

Leiter	o	a	b	c	d	e	f
Kraftverlust berechnet	0,000	0,039	0,100	0,166	0,234	0,355	0,56

Diese Übereinstimmung der beobachteten mit den berechneten Werten ist als vollkommen anzusehen, um so (115)
mehr, als bei diesen Versuchen die Normalkraft an der Drehwaage stets zwischen 44 und 43 Teilen sich aufhielt und ich kleinere als halbe Teile nie berücksichtigt habe.

Nach diesen Versuchen sehe ich das Gesetz[7])

$$v = m \cdot \log \left(1 + \frac{x}{a}\right)$$

als hinlänglich durch die Erfahrung bestätigt an. Daß es für $x = -a$, $v = -\infty$ gibt, widerspricht keineswegs unserer anderweitigen Vorstellung von der Natur der galvanischen Kraft. Aus ihm erklärt sich von selbst die auffallend starke Wirkung des von Wollaston[8]) ausgeführten Glühapparats, ebenso die verhältnismäßig so starke Wirkung des elektromagnetischen Apparats nach der von Gilbert[8]) getroffenen Einrichtung; ferner liegt in ihm der Grund, warum bei Schweiggers[8]) Multiplikator auf einem gewissen Punkte die Vervielfältigung der Windungen zur Stärke der Wirkung nichts mehr beiträgt; und es fügt noch hinzu, daß durch immer fortgesetzte Vervielfältigung der Windungen die Wirkung wieder abnehmen und zuletzt ganz verschwinden müsse; es verspricht endlich eine tiefere Einsicht in die Natur des Thermomagnetismus[9]).

Der Koeffizient m ist eine Funktion von der Normalkraft, von der Dicke des Leiters, von dem Werte a und, wie ich Ursache zu glauben habe, von der elektrischen Spannung der Kraft. Ich bin eben noch damit beschäftigt, die Natur dieser Funktion durch genauere Versuche fest zu begründen. Um jedoch schon jetzt die Aufmerksamkeit der Naturforscher auf diesen Gegenstand zu lenken, erwähne ich noch folgende Beobachtung. Die Kette war mit dem (116)
Leiter f geschlossen und in den Trog verdünnte Schwefelsäure gegossen, wie man sie zu den elektromagnetischen Versuchen anzuwenden pflegt; die Drehwaage zeigte 50 Teile, die Nadel ging allmählich, aber äußerst langsam, rückwärts und nach Verlauf von mehr als einer Viertel-

stunde, als das Brausen schon fast ganz nachgelassen hatte, zeigte die Drehwaage 45 bei einer Normalkraft von 447 Teilen. Frühere Versuche hatten mich aber belehrt, daß bei einem so gefüllten Troge nach Verlauf von 12 Minuten bei schon stiller gewordenem Brausen die Normalkraft noch 1300 Teile betrage. Dieser Leiter ist folglich imstande, die Normalkraft auf weit weniger als ihren 26. Teil zurückzubringen. *Wirkungen von Leitern auf Leiter, die in derselben Kette sich befinden, können durch solche Hindernisse leicht 1000fach geschwächt werden.*

Nachschreiben[10]).

Eine nähere Untersuchung in bezug auf das Steigen und Fallen der Kraft bei verändertem Zwischenleiter in der elektrischen Kette hat mich zu folgenden Resultaten geführt:

1. Die elektrische Kraft ist bei jedem Leiter im ersten Augenblicke der Schließung der Kette am stärksten, nimmt von da an allmählich ab und gelangt endlich, wenn man sich die leitende Flüssigkeit unverändert denkt, zu einem Minimum. Durch ein Öffnen der Kette auf längere Zeit erhält sie wieder ihre vorige Stärke.

2. Dieses Minimum liegt der anfänglichen Kraft beim
(117) längeren Leiter verhältnismäßig näher als beim kürzeren (es versteht sich, daß hierbei die Dicke konstant angenommen wird); daher wächst die Kraft allmählich und gelangt scheinbar zu einem Maximum, wenn unmittelbar nach dem kürzeren ein längerer Leiter in die Kette gebracht wird.

Nachdem ich die Natur dieser Erscheinung erkannt und ihre Größe in verschiedenen Fällen ausgewertet hatte, stand ich keinen Augenblick mehr an, in ihr den Grund zu suchen, warum die Wirkung des Wollastonschen Glühapparats, wenn sie bereits aufgehört hat, dadurch daß man ihn auf kurze Zeit der Luft aussetzt, wiederholt erneuert werden kann. Ich überzeugte mich hiervon noch besonders auf folgende Weise: Den an dem Zinke angebrachten Kupferstreifen schnitt ich, soweit er über dasselbe herausragte, ab und verband die beiden Stücke durch

einen Streifen Elfenbein, der die Leitung unterbrach. Auf jedes dieser Stücke schraubte ich ein Schälchen von Messing, mit Quecksilber angefüllt, und verband diese mit einem Bogen von Messingdraht, der die Leitung auf solche Weise wieder ergänzte. Den so abgeänderten Apparat brachte ich hierauf in verdünnte Salzsäure und, als der Platindraht zu glühen aufgehört hatte, schob ich, ohne den Apparat aus der Flüssigkeit zu nehmen, den Messingdraht aus den Schälchen heraus und brachte ihn nach kurzer Zeit wieder in dieselben hinein. Der Platindraht fing dann aufs neue
an zu glühen, und ich konnte diese Erneuerung der Wirkung (118)
viele Male wiederholen. Als aber endlich durch dieses Mittel kein Glühen mehr bewirkt werden konnte, half auch ein Herausnehmen des Apparats aus der Flüssigkeit und Wiedereintauchen nicht mehr.

GEORG SIMON OHM.

II.

(137) **Bestimmung des Gesetzes, nach welchem Metalle die Kontakt-Elektrizität leiten, nebst einem Entwurfe zu einer Theorie des Voltaschen Apparates und des Schweiggerschen Multiplikators.**

SCHWEIGGERS Journal für Chemie und Physik. Bd. 46, S. 137—166. 1826.

Im verwichenen Jahre habe ich in diesem Journal (Bd. 44, S. 110—118) eine vorläufige Anzeige des Gesetzes, nach
(138) welchem Metalle die Elektrizität leiten, gemacht und mehrere Reihen von Versuchen mitgeteilt, die mit all der Sorgfalt und Genauigkeit angestellt waren, welche der Gegenstand verdient und gestattet. Fast zu derselben Zeit sind Mitteilungen über denselben Gegenstand aus dem Auslande von zwei gleich rühmlich bekannten Experimentatoren BARLOW und BECQUEREL[11]) zu uns gekommen, wobei es auffallend war, daß die Resultate dieser beiden Gelehrten, insofern sie sich über den Einfluß der Länge des Leitungsdrahtes erstrecken, sowohl unter sich, als auch von dem durch meine Versuche ermittelten Gesetz so stark abwichen. Ihre Arbeiten, soweit sie mir bekannt geworden sind, habe ich bei meinen späteren Versuchen stets berücksichtigt, und bin so zu der Überzeugung gelangt, daß weder die von diesen Naturforschern über die Länge des Leiters ausgesprochenen Gesetze, noch das von mir angekündigte allgemein und frei von der Einmischung solcher Kräfte seien, die keineswegs zu der Frage, um die es sich handelt, gehören. Dagegen hoffe ich jetzt imstande zu sein, die Parteien miteinander auszusöhnen und ein Gesetz aufzustellen, welches sich sowohl durch vollkommene Übereinstimmung mit den nach allen Grenzen hin fortgesetzten

Versuchen, als auch insbesondere durch die Einheit, welche es über alle den elektrischen Strom angehenden Erfahrungen verbreitet, eine Einheit, wie sie nur im Gefolge der Wahrheit zu erblicken ist, als das reine Gesetz der Natur verkündigt.

Dieses Gesetz erstreckt sich indessen lediglich über die Leitung der Elektrizität durch Metalle und nimmt keine Rücksicht auf die Funktion des flüssigen Leiters in der (139)
galvanischen Kette. Meine Versuche über den Einfluß der Flüssigkeiten auf den elektrischen Kreislauf, obgleich sie allmählich mehr und mehr sich entwirren, halte ich noch nicht für geschlossen; aber eben deswegen muß ich mich für jetzt damit begnügen, die Resultate, welche sich bereits rein herausgestellt haben, nur in kurzen Umrissen anzudeuten, und behalte mir vor, eine ausführlichere, die chemischen und elektroskopischen Erscheinungen zugleich in sich aufnehmende, mathematisch bearbeitete Theorie der elektrischen Kette nachzuliefern. Die Hindernisse, welche meine Stellung als Gymnasiallehrer jeder gründlichen Arbeit in ganz außergewöhnlichen Maßen entgegensetzt, mögen mich entschuldigen, wenn jene Abhandlung in einem größeren Zeitraume, als billig scheint, dieser Anzeige nachfolgt[12]).

Um unnütze Wiederholung zu vermeiden, fahre ich da fort, wo die am Eingange zitierte Ankündigung aufhört, und bitte deshalb den Leser hierauf Rücksicht nehmen zu wollen.

Das beständige Wogen der Kraft (a. a. O. S. 116), welches beim Öffnen und Schließen der Kette, oder beim Vertauschen solcher Leiter, die als Schließungsglied der Kette ungleichen Leitungswert haben, stattfindet, erschwert die Versuche ungemein. Um einen Begriff von der Größe und Dauer dieses Wogens zu geben, wird es nicht überflüssig sein, einige von den Versuchen, deren ich unzählige zur Bestimmung seiner Natur gemacht habe, mitzuteilen.

Die Kette wurde mit dem Leiter *o* geschlossen und der (140)
Stand der Nadel von 5 zu 5 Minuten beobachtet; es ergaben sich allmählich folgende Resultate: 180, 135, $125^1/_2$, $119^1/_2$, 115, $111^3/_4$, $109^1/_2$, $107^3/_4$, $106^3/_4$, $105^3/_4$, 105, $104^1/_2$, eine Stunde später $100^1/_2$, so daß also im ganzen 2 Stunden

5 Minuten verflossen waren. Nach wenigen Minuten, während welchen die Kette offen blieb, zeigte die Nadel, die so schnell als möglich in der Visierlinie zur Ruhe gebracht worden war (was mit einiger Übung durch ein ihren Schwingungen entgegenlaufendes Drehen in kurzer Zeit zustande zu bringen ist), wieder mehr als 180 Teile längere Zeit hindurch. Die Kette wurde aufs neue geöffnet und die Nadel durch ein zur Seite angebrachtes Hindernis gezwungen in der Visierlinie zu bleiben, hierauf die Scheibe auf 500 gestellt und die Kette durch den Leiter *o* geschlossen, — und siehe, die Nadel legte sich auf der entgegengesetzten Seite, wo in einiger Entfernung ebenfalls ein Hindernis angebracht war, mehrere Sekunden lang an*). Dieses Wogen der Kraft war aber schon bei dem 75 Fuß langen Leiter nicht mehr von erheblichem Umfange.

Es gibt meines Wissens nur ein Mittel dieses Wogen der Kraft ziemlich unschädlich zu machen, welches darin besteht, daß man die Kette vor Anfang der Versuche längere Zeit geschlossen hält und während der Versuche (141) selbst nie öffnet, d. h. mit dem folgenden Leiter erst schließt, ehe man den vorhergehenden aus der Kette nimmt. Bei Versuchen, wo Leiter von ungefähr gleichem Leitungswerte abwechselnd in die Kette gebracht werden, ist dieses Hindernis, wenn man die eben angeführte Vorsichtsmaßregel beobachtet, als nicht vorhanden anzusehen, und solche Versuche lassen daher einen hohen Grad der Genauigkeit zu.

Auf diese Weise bestimmte ich das Leitungsvermögen verschiedener Metalle. Ich nahm zylindrische Drähte von einerlei Dicke und verschiedenem Stoffe, brachte nach und nach je zwei abwechselnd in die Kette und kürzte denjenigen, der die Kraft am meisten schwächte, so lange ab, bis er mit dem anderen ungefähr gleichen Leitungswert erlangt hatte. Am besten tut man, aus 2 nahe aneinander liegenden Bestimmungen, wovon die eine zu viel, die andere zu wenig gibt, ein Mittel zu nehmen. So gelangte ich zu nachstehenden Verhältniszahlen für die Länge der

*) Es ist daher kein Wunder, daß ein Herausnehmen des Wollastonschen Glühapparats aus der Flüssigkeit auf kurze Zeit den schon erloschenen Draht zum Wiedererglühen bewegt. Vgl. a. a. O. S. 117.

verschiedenen Metalle, wobei sie gleichen Leitungswert besitzen:

Kupfer 1000, *Gold* 574, *Silber* 356, *Zink* 333, *Messing* 280, *Eisen* 174, *Platin* 171, *Zinn* 168, *Blei* 97[13]).

Ich hatte, als ich im vorigen Jahre diese Versuche anstellte, jeden unter veränderten Umständen einige Male wiederholt und mit sehr geringen Abweichungen stets dieselben Resultate erhalten; seitdem habe ich aber Erfahrungen gemacht, die mich bewegen, Mißtrauen in jede Angabe der Art zu setzen. Als ich nämlich etwa ein halbes Jahr später dieselben Versuche wiederholen und mit Kupfer, Gold und Silber den Anfang machen wollte, da ging zu (142)
meinem Erstaunen das Silber entschieden über das Kupfer hinaus. Glücklicherweise besaß ich noch das Stück Silberdraht, womit ich meine früheren Versuche angestellt hatte, und siehe, es reihte sich dieses wieder in seine alte Stelle ein. Beide Silberexemplare waren aus Hornsilber[14]) gewonnen, folglich gleich rein, sie unterschieden sich durch nichts voneinander, als daß die Oberfläche des jüngsten sorgfältig gereinigt, die des älteren aber mit einer Ölhaut[15]), die sie beim Ziehen angenommen hatte, überzogen war. Dieser Umstand bewog mich meine Versuche vorläufig einzustellen. Gerne hätte ich sie an dem unten beschriebenen Apparate, der äußerst sichere Resultate gibt, wieder aufgenommen, aber dazu fehlten mir die Metalle in der erforderlichen Quantität; ich hoffe später einmal darauf zurückkommen zu können.

Ferner nahm ich Drähte von gleichem Stoffe und verschiedener Dicke, innerhalb 0,12 und 1,40 Linien, und verfuhr mit ihnen ganz so, wie bei der Bestimmung des Leitungsvermögens der Metalle geschehen ist. So ergab sich folgendes Gesetz: *Zylindrische Leiter von einerlei Art und verschiedenem Durchmesser haben denselben Leitungswert, wenn sich ihre Längen wie ihre Querschnitte verhalten.* Auf dieses Gesetz wurden auch BARLOW und BECQUEREL durch ihre Versuche geführt.

Zu bemerken ist auch hier der Umstand, daß stets der dickste Draht von der Regel mehr oder weniger abwich; aber er war geblieben wie er war, mit mehr oder weniger rein metallischer Oberfläche, während die anderen über dem Ziehen mit einer Haut ziemlich gleichmäßig sich be- (143)

deckt hatten. In meinen späteren Versuchen habe ich auf diesen Umstand stets Rücksicht genommen.

Bei Versuchen, die sich auf die Länge des Leiters beziehen, ist jenes Wogen der Kraft von sehr nachteiligem Einflusse, weil hier Leiter von sehr ungleichem Werte nacheinander in die Kette gebracht werden, woraus eine Unsicherheit entsteht, die durch die fortwährende Änderung, welche die Flüssigkeit und die sie berührenden Metalloberflächen in ihrer chemischen Konstitution erleiden, nur noch vermehrt wird. Ich habe zwar in meinen früheren Versuchen diesem Übelstande dadurch zu begegnen gesucht, daß ich die einzelnen Beobachtungen stets in gleichen Zeiträumen aufeinanderfolgen ließ und zu der ganzen Zeit der Versuche nur solche Abschnitte wählte, in welchen die Wirkung der Kette weniger veränderlich sich zeigte; allein obgleich dadurch die Beobachtungsfehler in ziemlich enge Grenzen eingeschlossen werden, so konnte ich doch nicht hoffen, auf diesem Wege das eigentliche Gesetz der Leitung*) zu entdecken und nahm daher meine Zuflucht zu der thermomagnetischen[16]) Kette, deren Beständigkeit von Herrn POGGENDORFF mir empfohlen worden war; und da die auf diesem Wege gewonnenen Erfahrungen das Gesetz der Leitung auf eine entscheidende Weise aussprechen, so halte
(144) ich es nicht für überflüssig, meinen dabei gebrauchten Apparat umständlich zu beschreiben, damit der Grad des Zutrauens, den die daraus hervorgegangenen Tatsachen verdienen, sich um so leichter bestimmen lasse.

Ein in der Gestalt einer eckigen Klammer gegossenes Stück Wismut *a b a' b'* (Fig. 1), dessen längere Seite *b b'* $6^1/_2$ Zoll und dessen kürzere Schenkel *a b*, *a' b'* jeder $3^1/_2$ Zoll betrugen, war durchgängig 9 Linien breit und 4 Linien dick. An jeden dieser Schenkel befestigte ich mittels zweier Schrauben Kupferstreifen *a b c d*, *a' b' c' d'*, die 9 Linien breit, 1 Linie dick und zusammen gerechnet 28 Zoll lang und so gebogen waren, daß ihre freien Enden *c d*, *c' d'* in

---

*) Daß das in meiner Ankündigung S. 115 aufgestellte nicht allgemein sei, davon habe ich mich durch einen Leiter von 300 Fuß, dessen Querschnitte 5 mal kleiner als der der übrigen war, der also einen Leiter von 1500 Fuß vertrat, überzeugt. Er gab $2^3/_4$ bei einer Normalkraft von 139 und $1^1/_2$ bei einer Normalkraft von 76 Teilen[17]).

zwei an dem hölzernen Gestelle *f g h i* angebrachte, mit Quecksilber gefüllte Schälchen *m*, *m′* ragten, wenn die ganze Vorrichtung auf dem Gestelle saß.

Auf der oberen Platte *f f* des Gestelles sitzt die Drehwaage, bei deren Beschreibung ich etwas verweilen werde, da an ihr Abweichungen von der gewöhnlichen Einrichtung

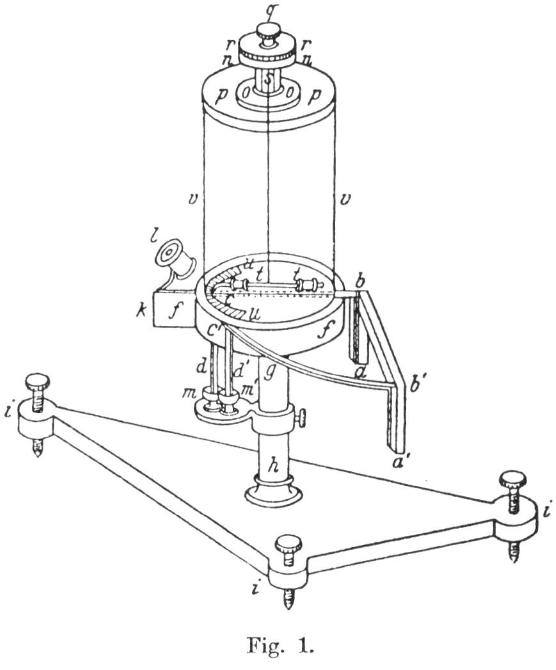

Fig. 1.

Drehwaage.

vorkommen. Der Glaszylinder *v v*, auf welchem sie sitzt, ist 6 Zoll hoch und $4^1/_2$ Zoll weit. Sie selbst besteht aus 2 Teilen, wovon der eine *n o p* mit einer schwach konischen Höhlung versehen und auf der oberen Platte des Glaszylinders fest gekittet ist, der andere *q r s* mit seinem 8 Linien dicken konisch auslaufenden Zapfen in die Höhlung des ersten genau paßt und mit seiner 3 Zoll breiten Scheibe *r r* auf der eben so breiten Scheibe *n n* des ersten Teils aufliegt. An dem Zapfen *q s* ist mit großer Sorgfalt auf der

Drehbank der Mittelpunkt der Drehung durch eine zarte konische Vertiefung angemerkt und hierauf derselbe auf
(145) einen halben Zoll seiner Länge so lange abgefeilt worden, bis sich auf der dadurch entstandenen ebenen Fläche jene konische Vertiefung als ein vollständiges Dreieck darstellte. Durch eine besondere Vorrichtung wird der Faden, an welchem die Nadel hängt, so an den Zapfen geklemmt, daß seine Mitte genau in die Spitze des Dreiecks fällt*).

Die Magnetnadel *t t* ist aus 0,8 Linien dickem Stahldraht verfertigt und nicht volle 2 Zoll lang, ihre beiden Enden sitzen in zylinderförmigen Stücken Elfenbein, deren eines einen zart zugespitzten, nach unten etwas umgebogenen Messingdraht in sich trägt. Diese messingene Spitze, die als Zeiger dient, liegt dicht über dem auf dem Gestelle ruhenden in Grade eingeteilten Bogen von Messing *u u*. Anfänglich hatte ich die Nadel so lang gemacht, daß sie mit ihrem einen Ende unmittelbar über dem messingenen Gradbogen schwebte; aber die Trägheit, welche sie durch die geringe Anzahl ihrer Schwingungen zu erkennen gab, erinnerte mich an die vor kurzem von Arago[18]) gemachte Erfahrung und gab Anlaß zu obiger Abänderung.

Die so zubereitete Nadel wird von einem 5 Zoll langen Streifen Goldlahn getragen, der an der Drehwaage genau im Mittelpunkt der Drehung befestigt ist. Diese bandförmigen
(146) Metallstreifen sind nach meiner Erfahrung zu Versuchen mit der Drehwaage weit geschickter als zylinderförmige Drähte. Der Lahn, den ich an meiner Drehwaage gebrauche, besitzt ungeachtet seiner aus vielen Rücksichten so wünschenswerten Kürze noch in so hohem Grade alle Erfordernisse zu den Drehversuchen, daß die Nadel, nachdem der Lahn eine Spannung von mehr als 3 ganzen Umdrehungen erlitten hat, wieder ihre alte Stellung einnimmt, wenn man die Spannung wieder aufhebt. Demungeachtet habe ich nach jedem Versuche die Nadel im Stande der Ruhe beobachtet, um überzeugt zu sein, daß der Apparat durchaus

*) Diese Drehwaage ist nach meiner Angabe von dem hiesigen sehr geschickten Mechanikus Herrn Mauch verfertigt worden. Auf dem hiesigen Kabinette befinden sich 2 aus Straßburg gekommene Drehwaagen gewöhnlicher Art, von denen ich aber bald einsah, daß sie zu genauen Versuchen gar nicht zu gebrauchen sind, indem sie zu Fehlern von 30 und mehr Teilen Anlaß geben.

keine Änderung erlitten hat. Übrigens glaube ich noch bemerken zu müssen, daß vorangegangene Versuche an einer ähnlichen vom Lahne getragenen Nadel aus Messing mich überzeugt haben, daß kleine und große Schwingungen (ich habe sie von 2 ganzen Umdrehungen bis zu wenigen Graden verfolgt) stets in derselben Zeit abgemacht werden, so daß also von dieser Seite her nichts zu fürchten ist.

Die Drehwaage wurde auf die obere Platte des Gestelles dergestalt fest gekittet, daß eine mitten durch den Kupferstreifen *b c* gezogene, mit dem mittelsten Teilstrich des Gradbogens *u u* und einem dicht vor diesem Bogen lotrecht ausgespannten einfachen Seidenfaden in einerlei Richtung liegende gerade Linie und zugleich auch die Magnetnadel im magnetischen Meridiane lagen, während der Zeiger an der Drehwaage auf Null gestellt war. Auf dem Vorsprunge *k* des Gestelles war ein konvexes Glas *l* von einem Zoll Brennweite in der erforderlichen Richtung und Entfernung angebracht, durch welches die untere Teilung betrachtet wurde, (147) und um jede Parallaxe zu vermeiden, wurde das Auge während der Beobachtung stets so gestellt, daß der Seidenfaden und der mittlere Teilstrich des Gradbogens sich deckten. Die Beobachtung geschah in der Art, daß jedesmal, wenn die Nadel durch den elektrischen Strom des Apparats abgelenkt worden war, der Lahn so lange durch den beweglichen Teil der Drehwaage entgegengedreht wurde, bis die messingene Spitze der Nadel hinter dem Seidenfaden auf dem mittleren Teilstrich des Gradbogens stand; dann wurde die Größe der Drehung oben an der Drehwaage in Hundertteilen einer ganzen Umdrehung abgelesen, welche Zahl bekanntlich die Kraft ausdrückt, womit auf die Nadel gewirkt worden ist*).

*) Die Nadel und der Lahn hatten unter sich ein solches Verhältnis erhalten, daß, um die Nadel einen Grad der unteren Teilung weiterzuführen, die Drehwaage um 10 Teile gedreht werden mußte. Bei der getroffenen Einrichtung hielt es aber nicht schwer $^1/_{40}$ eines unteren Grades noch gut zu sehen und daher $^1/_4$ eines oberen Teiles noch merklich zu fühlen. Zugleich erhellt aber hieraus, wie eine Abweichung des Umdrehungspunktes von noch nicht einer halben Linie zu Fehlern von 20 und mehr Teilen führen könne; es darf daher die ängstliche Sorgfalt, mit der ich meine Drehwaage bauen ließ, nicht befremden. Vielleicht liegt gerade hierin der Grund, warum andere als COULOMB zu übereinstimmenden Resultaten durch die Drehwaage nicht gelangen konnten.

Die Leiter, welche zu den Versuchen gebraucht worden sind, tauchten mit ihren Enden in das Quecksilber der Schälchen *m*, *m'*, über denen der Sicherheit wegen eine einfache Vorrichtung angebracht war, vermittelst welcher die
(148) Enden eines jeden Leiters stets auf dieselbe Weise mit dem Quecksilber in Berührung kamen. Überdies wurden alle Enden der Leiter, soweit eine Berührung des Quecksilbers zu befürchten war, mit Harz überzogen, dann die Grundflächen derselben mit einer feinen Feile metallisch gefeilt und jedesmal frisch angequickt. Eine vollkommen metallische Verbindung der einzelnen Teile ist bei Versuchen der Art eine unerläßliche Bedingung, weil außerdem keine Übereinstimmung der Beobachtungen zustande kommt.

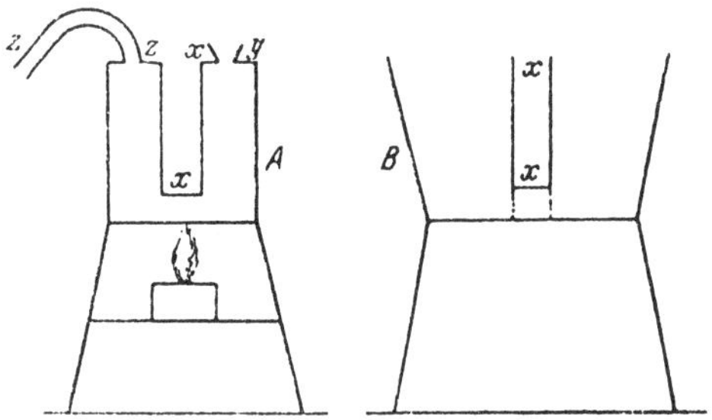

Fig. 2.

Temperaturgefäße des Thermoelements.

Um endlich den Teilen des Apparats, wo sich Wismut und Kupfer berührten, einen beständigen Temperaturunterschied zu geben, ließ ich mir 2 Gefäße aus Blech verfertigen, deren Durchschnitte in größerem Maßstabe abgebildet sind. Jedes hatte in seinem Innern einen oben offenen, übrigens ringsum verschlossenen, zur Aufnahme der Teile *a b*, *a' b'* bestimmten Raum *x x* (Fig. 2). In dem einen *A* wurde Wasser beständig im Kochen erhalten; dieses hatte daher bei *y* eine mit Kork zu verschließende Öffnung, um Wasser in das Gefäß bringen zu können und auf der anderen Seite eine Röhre *z z* um den Dampf abzuführen; in das andere wurde Schnee oder zerstückeltes Eis gebracht. Die Teile *a b*, *a' b'* wurden mit dünnem aber dichtem Seidenzeug um-

näht, dann in die Räume *x x* geschoben und diese zuletzt bis auf eine Höhe von etwa einem Zolle mit kleinem Schrote ausgefüllt und dann vollends mit klein zerstückeltem Glase zugeschüttet. Auf solche Weise befanden sich alle Berührungsstellen zwischen Wismut und Kupfer innerhalb des mit Blei ausgefüllten, die Wärme gut leitenden Raumes, und die Glasdecke schützte diesen Raum (149)
vor einer schnellen Temperaturänderung durch die umgebende Luft.

Nach dieser umständlichen Beschreibung des Apparats komme ich nun zu den Versuchen, die ich damit angestellt habe. Ich hatte mir 8 verschiedene Leiter vorgerichtet, die ich in der Folge mit 1, 2, 3, 4, 5, 6, 7, 8 bezeichnen werde und die respektive 2, 4, 6, 10, 18, 34, 66, 130 Zoll lang $^7/_8$ Linien dick[19]) und insgesamt aus einem Stücke sogenannten plattierten Kupferdrahtes geschnitten und auf die vorhin beschriebene Weise zubereitet waren. Nachdem das Wasser eine halbe Stunde im Sieden erhalten worden war, wurden sie nacheinander in die Kette gebracht. Zwischen je zwei Versuchsreihen eines und desselben Tages, die 3—4 Stunden ausfüllten, wurde immer eine Pause von einer Stunde gehalten, während welcher neues schon erwärmtes Wasser zugegossen wurde, das in kurzer Zeit ins Kochen kam, dann kamen die Leiter nach der Reihe, aber in umgekehrter Ordnung, in die Kette. So gelangte ich zu nachstehenden Ergebnissen:

Zeit der Beobachtung	Versuchsreihen	Leiter 1.	2.	3.	4.	5.	6.	7.	8.
8. Jan. (1826)	I.	326,75	300,75	277,75	238,25	190,75	134,50	83,25	48,5
11. Jan.	II.	311,25	287,00	267,00	230,25	183,50	129,75	80,0	46,0
	III.	307,00	284,00	263,75	226,25	181,00	128,75	79,0	44,5
15. Jan.	IV.	305,25	281,50	259,00	224,00	178,50	124,75	79,0	44,5
	V.	305,00	282,00	258,25	223,5	178,00	124,75	78,0	44,0

Es fällt auf, daß die Kraft von einem Tage zum anderen fühlbar abnimmt. Ob der Grund dieser Abnahme in einer Veränderung der Berührungsstellen oder vielleicht darin zu suchen ist, daß der 8. und 11. Januar sehr kalte Tage (150)
waren und das Eisgefäß noch am Fenster einer nicht stark

geheizten und schlecht verwahrten Stube stand, wage ich nicht zu entscheiden; nur das glaube ich hinzufügen zu müssen, daß ich vom 15. ab keine bedeutenden Unterschiede mehr wahrnehmen konnte.

Ein besonderes Gewicht ist auf den Umstand zu legen, daß von dem oben beschriebenen Wogen der Kraft, wie es in der hydroelektrischen Kette stattfindet, hier auch nicht eine Spur wahrzunehmen ist. Die Nadel bleibt, sowie sie zur Ruhe gebracht worden ist, unbeweglich auf derselben Stelle stehen. Ich habe sie nach obigen Versuchen oft eine halbe Stunde lang beobachtet und auch nicht die leiseste Veränderung wahrgenommen. Ja, als die Nadel mit dem Leiter 1 ins Gleichgewicht gebracht und durch ein zur Seite angebrachtes Hindernis in dieser Lage festgehalten worden war, ging sie beim Schließen der Kette durch denselben Leiter, der längere Zeit herausgenommen war, auch nicht im mindesten nach der entgegengesetzten Seite ab. Dies berechtigt zu dem Schlusse, daß *jenes Wogen in einer Abänderung der Flüssigkeit seinen Grund hat, die durch den elektrischen Strom selbst erst bedingt wird und mit ihm steigt und fällt.* Es scheint eine Verteilung gewisser Bestandteile in der Flüssigkeit durch die bewegte Elektrizität veranlaßt zu werden, die sich ganz nach denselben Gesetzen richtet, wie sie bei der durch ruhende Elektrizität bewirkten, wahrgenommen worden sind; eine Verstärkung der Kraft hat ein vermehrtes Auseinandertreten jener Bestandteile zur Folge, eine Verminderung der Kraft bestimmt diese Bestand-
(151) teile zu einer partiellen Wiedervereinigung, die zur totalen wird, sowie die Kraft völlig verschwindet. Es ist sehr wahrscheinlich, und es wird sich weiter unten ein Beleg hierzu finden, daß diese Verteilung der Flüssigkeit durch den Strom eine Änderung nicht nur in der erregenden Kraft der Kette, sondern auch in der Leitungsfähigkeit der Flüssigkeit nach sich zieht, und gerade diese vielfache Veränderlichkeit in der hydroelektrischen Kette macht das Gesetz der Leitung bei ihr so verwickelt und darum schwer zu enträtseln. Zugleich erhellt aber auch hieraus, daß, wenn es sich bloß darum handelt, den Einfluß der Metalle auf die Leitung des elektrischen Stromes zu bestimmen, die hydroelektrische Kette sich dazu gar nicht eigne, weil sie zu mannigfaltigen Irrungen Anlaß gibt; dagegen ist die thermoelektrische Kette

zu dieser Bestimmung recht eigentlich geschaffen. Wir wollen nun sehen, was sie bietet[20]).

Obige Zahlen lassen sich sehr genügend durch die Gleichung

$$X = \frac{a}{b + x}$$

darstellen, wobei X die Stärke der magnetischen Wirkung auf den Leiter, dessen Länge x ist, a und b konstante von der erregenden Kraft und dem Leitungswiderstande der übrigen Teile der Kette abhängige Größen bezeichnen[21]). Gibt man nämlich der Größe b den Wert 20,25 und der Größe a nach den verschiedenen Versuchsreihen die Werte: 7285, 6965, 6885, 6800, 6800, so erhält man durch die Rechnung nachstehende Bestimmungen: (152)

Versuchs-reihen	Leiter[22])							
	1.	2.	3.	4.	5.	6.	7.	8.
I.	328,0	300,50	277,50	240,75	190,50	134,50	84,25	48,50
II.	313,0	287,25	265,33	230,25	182,00	128,33	80,75	46,33
III.	309,5	284,00	262,33	228,00	180,00	127,00	79,75	45,75
IV.	305,5	280,50	259,00	224,75	177,75	125,25	79,00	45,00
V.	305,5	280,50	259,00	224,75	177,75	125,25	79,00	45,00

Vergleicht man diese durch die Rechnung erhaltenen Werte mit den vorigen auf dem Wege der Erfahrung gefundenen, so wird es sich zeigen, daß die Unterschiede so gering sind, wie man sie bei Versuchen der Art nur immer zu erwarten berechtigt ist. Ich wollte jedoch hierbei nicht stehen bleiben, sondern, was zur Ermittlung der allgemeinen Gültigkeit eines aus wenigen Fällen hergeleiteten Gesetzes am dienlichsten ist, an den Grenzen der Wirkung die Richtigkeit obiger Formel prüfen.

Zu dem Ende bildete ich 4 der Reihe nach 2, 4, 8, 16 Zoll lange Leiter a, b, c, d aus dem 0,3 Linien dicken Messingdraht, der mir zu den früheren Versuchen an der hydroelektrischen Kette gedient hatte; diese gaben in der Kette der Reihe nach 111,5; 64,75; 37; 19,75 Teile, während der Leiter 1 in der Kette 305 Teile gab. Sucht man nach obiger Gleichung, die diesen Werten entsprechenden Längen, so findet man 40,75; 84,75; 163,5; 324, welche Zahlen in großem Einklange aussprechen, daß ein Zoll vom Messingdrahte

20,5 Zoll vom plattierten Drahte gleichzusetzen sind. Nach dieser Vorbereitung brachte ich den aus demselben Messingdrahte bereiteten 23 Fuß langen Leiter, der in meiner Anzeige
(153) mit 5 bezeichnet war, in die Kette; er gab 1,25[23]). Und wirklich erhält man diese Zahl fast völlig genau, wenn man in den Ausdruck 23 · 12 · 20,5 = 5658 für x setzt. Man sieht hieraus, daß jene Gleichung bis nahe zum Verlöschen der Kraft durch den Widerstand der Leitung stets treu an die Erfahrung sich anschmiegt.

Ferner unterhielt ich das eine Ende der Kupfer-Wismutverbindung durch Eis in der Temperatur 0^0, das andere Ende blieb der Temperatur des Zimmers ausgesetzt, wo ein bei dem Apparate aufgehängtes Thermometer während der Zeit des Versuches stets ohne merkliche Abweichung $7{,}5^0$ R zeigte. Die Leiter in folgender Ordnung 1, 2, 3, 4, 5, 6, 7, 8, 7, 6, 5, 4, 3, 2, 1 in die Kette gebracht, gaben der Reihe nach folgende Zahlen: 27; 25; 23,33; 20; 15,5; 10,75; 6,5; 3,67; 6,5; 10,75; 15,5; 20; 23,5; 25,25; 27,75. Setzt man aber in obigen Ausdruck $b = 20{,}25$ und bestimmt a so, daß $a : 10{,}6 = 619$[24]), so erhält man durch die Rechnung Werte, die von den beobachteten nirgends mehr als um einen halben Teil sich unterscheiden, woraus zur Genüge hervorgeht, daß obige Gleichung auch für jede Größe der erregenden Kraft gültig bleibt. Es fallen an diesen letzten Versuchen aber noch außerdem zwei wichtige Punkte ins Auge. Einmal ist der Umstand merkwürdig, daß der Wert von b sich unverändert erhält, während die Kraft mehr als 10 mal geringer wird, so daß a bloß von der erregenden Kraft, b bloß von dem unveränderlichen Teil der Leitung abzuhängen scheint. Zweitens scheint aus diesen Versuchen hervorzugehen, daß die Kraft der thermoelektrischen Kette,
(154) dem Temperaturunterschied an ihren beiden Erregungsstellen genau proportional sei.

Ich kann nicht umhin, hier am Schlusse dieser Versuche noch einer Betrachtung zu gedenken, die Davys[25]) Folgerung, daß die Leitungsfähigkeit der Metalle durch Erniedrigung der Temperatur verstärkt, durch Erhöhung geschwächt wird, auf eine mehr direkte Weise bestätigt. Ich nahm einen 4zölligen messingenen Leiter und brachte ihn in die Kette, er gab 159 Teile. Sowie ich ihn in seiner Mitte durch eine Weingeistflamme erhitzte, nahm die Kraft allmählich um 20 und mehr Teile ab, und die Wirkung blieb dieselbe, wenngleich ich die Flamme mehr nach dem einen oder nach dem anderen Ende des Leiters hinführte; legte ich aber auf denselben eine Scheibe von geronnenem Schnee, so nahm die Kraft um 2 Teile zu. Die Temperatur des Zimmers war 8,25° R. Diese Tatsache ist darum hier nicht am unrechten Orte, weil sie zu kleinen Anomalien Anlaß geben kann.

Nachdem unsere Gleichung durch ihre Treue, womit sie alle durch die thermoelektrische Kette in so großem Umfange erhaltenen Resultate immer wiedergibt, sich als den gültigen Repräsentanten der Natur hinlänglich bewährt hat, wollen wir sie weiter verfolgen, um zu sehen, was sie noch in ihrem Schoße birgt.

Wendet man sie zunächst auf die früher angestellten hydroelektrischen Versuche an, so geben die kürzeren Leiter für a sowohl als für b stets kleinere Werte als die
längeren, wodurch die schon unbestimmt geäußerte Ver- (156)
mutung bestätigt wird, *daß die Flüssigkeit in dem Maße ein besserer Leiter werde, als durch den Strom eine erhöhte Verteilung in ihr zustande gebracht wird, daß aber auch in demselben Maße, wiewohl nicht in demselben Verhältnisse, eine entgegengesetzt erregende Kraft auftrete, die in Vereinigung mit der in der Flüssigkeit eintretenden Änderung ihrer Leitungskraft die Phänomene des schon oft besprochenen Wogens hervorbringt.*

Ein bloßer Hinblick auf die Gleichung gibt zu erkennen, daß die Änderung der Kraft für einerlei x um so geringer ausfallen müsse, je größer b ist, und schon ein oberflächliches Zusammenhalten der durch die thermo- und hydroelektrischen Ketten erhaltenen Resultate gibt zu erkennen, *daß der Wert von b in dieser viele hundert Male größer ist, als in jener*, was offenbar von der als Leiter dienenden Flüssigkeit herrührt. Nun sind aber jene Versuche mit Trögen angestellt, deren eine Seitenfläche über 200 Quadratzolle hielt, und, da kleinere Platten nach allen bis jetzt darüber angestellten Versuchen den Widerstand der Flüssigkeit wenigstens im Verhältnisse ihrer Größe vermehren, so folgt, *daß man bei einem Plattenpaare von wenigen Quadratzollen Oberfläche b einen viele tausend Male größeren Wert,* *als in obiger thermoelektrischen Kette der Fall war, erhalten müsse.* Zugleich wird aber auch aus diesem Zusammenhalten hervorgehen, *daß die erregende Kraft in der hydroelektrischen Kette bei weitem größer als in der thermoelektrischen ist.*

Nimmt man an, daß die Länge x des Leitungsdrahtes
(156) um ein Stück h wachse, und bezeichnet die Verminderung, welche dadurch X erleidet mit V, so erhält man aus unserer Gleichung nach bekannten Regeln

$$\frac{V}{X} = \frac{h}{b+x} - \frac{h^2}{(b+x)^2} + \frac{h^3}{(b+x)^3} - \ldots$$

Ist mithin h sehr klein in bezug auf $b + x$, so kann man ohne Irrtum setzen

$$\frac{V}{X} = \frac{h}{b+x}.$$

Es ist also unter der gemachten Voraussetzung die Änderung der Kraft dem Längenzuwachs des Leitungsdrahtes proportional. Dies Gesetz ist dasselbe, welches BECQUEREL*)

---

*) Schon DAVY ist auf einem ganz anderen Wege dazu gelangt (GILBERTS Annalen neueste Folge Bd. XI, S. 252). Daselbst steht (S. 253), wenn ich meinem Auszuge trauen darf, wörtlich folgende Stelle: „Ich habe ferner gefunden, daß in Voltaschen Batterien von der eben beschriebenen Art und Anzahl der Plattenpaare das Leitungsvermögen eines Drahtes für Elektrizität *nahe der Masse desselben direkt proportional ist,* wie sich das erwarten ließ. Wenn z. B. eine gewisse Länge eines Platindrahtes eine Batterie entlud, so reichte von 6 mal schwererem Drahte dieselbe Länge hin 6 solche Batterien zu entladen, wovon ich mich mit zwei Platindrähten, von denen Stücke 1 Fuß lang 1,13 und 6,7 Grain wogen, überzeugt habe; und der Erfolg war ganz einerlei, ich mochte im zweiten Fall einen einzelnen Draht von 6facher Masse nehmen oder 6 kleine Drähte die einander berührten, wofern nur die Drähte in Wasser kalt erhalten wurden. Dieses Resultat allein schon beweist, daß das Leitungsvermögen nicht im Verhältnis der Oberflächen steht, wenigstens nicht für Elektrizität dieser Art. Noch deutlicher tut dieses folgender direkte Versuch dar: *Von zwei gleich langen und gleich viel wiegenden Platindrähten ließ ich den einen flach walzen, so daß er eine 6 bis 7 mal größere Oberfläche erhielt, und verglich nun das Leitungsvermögen beider.* In der Luft zeigte sich der abgeplattete Draht als der bessere Leiter aus dem Grunde, weil er sich in ihr schneller abkühlte; als aber beide Drähte von Wasser umgeben waren, ließ sich keine Verschiedenheit in ihrem Leitungsvermögen wahrnehmen."

Nicht ohne Grund vermute ich in dieser Stelle einen Übersetzungsfehler, den aufzusuchen es wohl der Mühe lohnte. Der Ausdruck „nahe der Masse desselben direkt proportional" ist mittelst seiner Vorrichtung erhalten hat. In der Tat ist (157) bei seinen Versuchen h schon sehr klein in Vergleich zu x und überdem scheint dieser Physiker, da er sich des Multiplikators bedient hat, mit kleinen Plattenpaaren experimentiert zu haben, so daß wahrscheinlich x wieder in Vergleich zu b sehr klein wird. Hierin dürfte der Grund zu suchen sein, warum selbst die Vervielfältigung der Wirkung durch den Multiplikator unfruchtbar geblieben ist*).

Wenden wir unsere Gleichung auf *die Theorie des Voltaschen Apparates* an, so gibt sie einen unerwarteten Aufschluß über die verschiedenartigsten Erscheinungen. (158

Setzen wir nämlich die erregende Kraft eines Metallpaares $= 1$, so muß ein aus m solchen Metallpaaren zusammengesetzter *Volta*scher Apparat, weil jedes unter völlig gleichen Umständen zur Hervorbringung des elektrischen Stromes mitwirkt, die erregende Kraft m besitzen. Messen wir nun den Widerstand, welchen ein Metallpaar (mit Einschluß, wo es erforderlich ist, des dazugehörigen feuchten Leiters, jedoch ohne auf die Veränderungen, welche aus der Flüssigkeit der erregenden Kraft und dem Widerstande selbst erwachsen, hier noch Rücksicht zu nehmen) dem elektrischen Strome entgegengesetzt, durch die Länge eines der Art nach sich immer gleichbleibenden, als Maßstab dienenden, zylindrischen Körpers und nennen wir die Länge, bei welcher er dem Strome einen Widerstand darbietet, der dem zu messenden völlig gleich ist, die *Widerstandslänge* des Metallpaares, so springt in die Augen, daß die Widerstandslänge aller m Paare die $m$fache von der eines einzigen Paares

---

nämlich nach meinen Versuchen nur dann richtig, wenn gleiche Länge der Drähte vorausgesetzt wird. Dies ließe sich auf eine Unbestimmtheit des Ausdrucks schieben, aber mit dieser Annahme und mit DAVYS eigenen Versuchen im Widerspruche ist der bald darauffolgende Satz: „*Von zwei gleich langen usw.*"

*) Daß diese Umstände bei BECQUERELS Versuchen wirklich vereinigt dagewesen seien, leite ich aus folgender Betrachtung her. An seinem Apparate war $x = 200$ dm und h erhielt allmählich 1, 2, 3 usw. solcher Einheiten. Wie weit BECQUEREL in der Veränderung h fortgeschritten, ist aus der Anzeige im Bulletin universel nicht zu entnehmen. Gesetzt aber, er wäre schon bei $h = 5$ dm stehen geblieben, so war $h : x = {}^1/_{40}$; wäre nun $h : (b + x)$ nicht noch beträchtlich kleiner geworden, so müßte seine so äußerst empfindliche Vorrichtung den Einfluß des 2. Gliedes in obiger Entwicklung von $V : X$ ohne Zweifel noch angezeigt haben.

sein werde, da alle als völlig gleich beschaffen vorausgesetzt werden. Drücken wir nun die Kraft des elektrischen Stromes eines einzelnen Paares nach obiger Gleichung durch

$$a : (b + x)$$

aus, wo x die Widerstandslänge des die Kette schließenden Zwischenleiters vorstellt, so folgt, daß man die Kraft der aus m solchen Paaren zusammengesetzten Verbindung erhalten werde, wenn man

1. am für a setzt; denn aus den Versuchen ergab sich, daß a der erregenden Kraft proportional ist;

2. mb für b setzt; denn da sich durch die Versuche heraus-
(159) gestellt hat, daß b unabhängig von der erregenden Kraft ist, so gibt die Natur des Ausdruckes selbst zu erkennen, daß b die Widerstandslänge des Metallpaares ohne Zwischenleiter vorstellen müsse*).

Nimmt man noch außerdem an, daß die Widerstandslänge des Zwischenleiters in beiden Fällen dieselbe bleibe, so erhalten wir folgenden Ausdruck für die aus m Metallpaaren zusammengesetzte Voltasche Säule[26]):

$$a m : (b m + x).$$

Vergleicht man diesen Ausdruck mit dem für die einfache Kette gefundenen, so gelangt man zu nachstehenden Folgerungen:

I. Ist $x = 0$, so ist die Kraft des Voltaschen Apparates der Kraft der einfachen Kette völlig gleich, vorausgesetzt daß beide aus einerlei Elementen bestehen. Es liegt hierin das von FOURIER und OERSTED[27]) aus ihren Versuchen (dies. Jahrb. B. XI, S. 48) mit der thermoelektrischen Kette abgeleitete Gesetz. Außerdem wird aber diese Gleichheit der Wirkung jedesmal wenigstens nahehin eintreten, wenn x in Vergleich zu b sehr klein wird, wie dies bei magnetischen und Glühversuchen unter gewöhnlichen Umständen der Fall zu sein pflegt.

Wenn $x = 0$ und überdies das b der Voltaschen Verbindung m mal kleiner als das b der einfachen Kette ist, so

*) Es wäre allerdings möglich, daß in b außer der Widerstandslänge noch ein beständiger Teil enthalten wäre; diesen Fall, dessen Erörterung ich an einem anderen Orte unternehmen werde, lasse ich jedoch hier ganz unberührt.

ist die Kraft in jenem Apparate m mal größer als in diesem. Daß sie größer sei, haben ebenfalls FOURIERs und OERSTEDs (160) Versuche nachgewiesen; aber wenn die beiden ausgezeichneten Männer sich äußern, daß die Wirkung der aus mehreren Elementen bestehenden Verbindung viel geringer sei als die Summe der Wirkungen aller einzelnen Elemente, so beweist dies nichts gegen das aus unserer Gleichung fließende, mit jener Äußerung im Widerspruch stehende Gesetz, da dieser Aussage, wie sie selbst bemerken, ein unrichtiges Maß der Wirkung, der Abweichungswinkel nämlich, zugrunde liegt.

II. Ist x sehr groß in Vergleich zu $b\,m$ und also um so mehr in Vergleich zu b, so wird die Wirkung der galvanischen Batterie nahe m mal größer, als die der einfachen Kette. Dieser Fall kann bei Wasserzersetzungsversuchen mit wenigen und großen Platten, und, wenn Apparate, wie der CHILDRENsche[28]) ist, gebraucht werden, selbst bei magnetischen und Glühversuchen seine Anwendung finden. Da indessen gerade hier die Flüssigkeit einen nicht zu vernachlässigenden Anteil an der Gesamtwirkung nimmt, so enthalte ich mich noch aller weiteren Folgerungen.

III. In allen übrigen Fällen liegt die Stärke der Wirkung des Voltaschen Apparates zwischen den beiden gefundenen Grenzen.

Zur Prüfung dieser höchst einfachen Theorie der galvanischen Säule benutze ich die von Professor G. BISCHOF[29]) mit großer Sorgfalt angestellten, in Kastners Archiv Bd. 4, H. 1, mitgeteilten Versuche über die chemischen Wirkungen von VOLTAs Säule. Zwar wird es bedenklich scheinen, obigen (161) Ausdruck auf einen hydroelektrischen Apparat anzuwenden, wo a und b, wie gezeigt worden ist, mit der Wirkung zugleich sich ändern, das Gesetz der Änderung aber noch unbekannt ist. Diese Zweifel werden durch die Betrachtung gehoben, daß, wie ebenfalls oben erwähnt worden ist, die durch die Flüssigkeit veranlaßte Änderung des Stromes in weit stärkerem Verhältnisse als er selber abnimmt. Im vorliegenden Falle, wo der Leiter x eine nicht unbeträchtliche Strecke reinen Wassers und noch dazu mit geringen metallischen Berührungsflächen als Teil in sich aufgenommen hatte, muß die Stärke des Stromes so gering gewesen sein, daß die Werte von a und b ohne Bedenken als konstant angenommen werden können. Nach diesen Versuchen steht die wasserzersetzende Kraft

von	1	2	3	4	Säulen
aus	51	102	153	204	Plattenpaaren

in dem Verhältnisse der Zahlen

37 62 83 100.

Setzt man die Widerstandslänge einer Säule = 1 und bestimmt demgemäß $x = 5{,}6$ und die erregende Kraft einer Säule = 240, so erhält man durch Rechnung die Zahlen

36,3 63 83,75 100

mit einer Übereinstimmung, welche die Richtigkeit der Formel und die Genauigkeit so zusammengesetzter Versuche in gleicher Stärke ausspricht. Es setzt diese Anwendung allerdings voraus oder beweist es vielmehr, daß die wasserzersetzende Kraft der Kette der magnetischen proportional sei.

(162) Ich will bei dieser Theorie der Säule, zu deren Vervollständigung Untersuchungen erforderlich sind, die ihr jetzt noch abgehen, nicht länger verweilen, sondern zu der eben so überraschenden *Theorie des Multiplikators*[30]) übergehen, die schon jetzt vollendeter sich darstellen läßt.

Nehmen wir an, daß in eine galvanische Kette, deren erregende Kraft a und deren Widerstandslänge b ist, ein Zwischenleiter von der Widerstandslänge $m\,l$ eingeschoben werde, so ist die magnetische Kraft dieser Kette ohne Zwischenleiter $= a : b$, mit dem Zwischenleiter $= a : (b + m\,l)$. Wird nun der Zwischenleiter in m völlig gleiche Windungen, jede von der Länge l, gelegt, wobei der Kürze wegen vorausgesetzt wird, daß alle diese Windungen dem Namen nach in eine zusammenfallen, so steht die magnetische Kraft dieser m Windungen zu der Kraft einer ganz gleichen Windung der Kette ohne Zwischenleiter in dem Verhältnisse

$$\frac{a\,m}{b + m\,l} : \frac{a}{b}.$$

Es ist also unter der Voraussetzung, daß a und b beständige Größen sind, die Verstärkungszahl des Multiplikators

$$b\,m : (b + m\,l),$$

woraus man ersicht, daß nur dann eine Verstärkung der Wirkung durch den Multiplikator möglich ist, solange $m\,l < (m - l)\,b$, also nur dann, wenn eine Windung des Multiplikators dem elektrischen Strome weniger Widerstand darbietet als die ganze Kette ohne Zwischenleiter.

Setzt man $b = l\,n$, so geht die Verstärkungszahl in (163)

$$m\,n : (m + n)$$

über, woraus folgt, daß ein Maximum der Verstärkung erreicht wird, wenn n im Vergleich zu m verschwindet, und daß dieses Maximum durch die Zahl n angezeigt wird, welche anzeigt, wie oft der Widerstand, den eine Windung des Multiplikators dem Strome entgegensetzt, in dem Widerstande, den die Kette mit Ausschluß des Multiplikators ihm darbietet, enthalten ist.

Die Wirkung des Multiplikators, nachdem das Maximum der Verstärkung eingetreten ist, wird durch $a : l$[31]) ausgedrückt und ist also von dem Leitungsvermögen der Flüssigkeit gänzlich unabhängig, nur die Anzahl der Windungen muß in den verschiedenen Fällen sich ändern. In Worten läßt sich der eben gefundene Ausdruck so darlegen:

Die Größe der Wirkung eines und desselben Multiplikators an verschiedenen erregenden Metallen ist der Spannung zwischen den beiden Metallen proportional; und die Wirkungsgrößen zweier aus verschiedenem Drahte gebildeter Multiplikatoren mit Windungen von derselben Größe und Gestalt an einerlei erregenden Metallen verhalten sich umgekehrt wie die Widerstandslängen einer Windung von jedem. In beiden Fällen wird jedoch das Maximum der Wirkung vorausgesetzt.

Zur Bestätigung obiger aus unserer Gleichung abgeleiteter Gesetze dienen mir POGGENDORFFs Versuche (Isis 1821, H. 1), welche im Einklange mit den hier entwickelten Bestimmungen dartun:

1. daß das Maximum der Wirkung vom Multiplikator nicht überschritten werden könne,

2. daß dieses Maximum für große und kleine Plattenpaare (164)
dasselbe bleibe, die Zahl der am Multiplikator dazu erforderlichen Windungen aber nach der Größe der Plattenpaare sich richte und zwar bei kleineren Platten größer werde[32]).

3. daß der aus dickerem Drahte gebildete Multiplikator das größere Maximum der Wirkung gebe.

POGGENDORFFs Versuche, die übrigens noch an mancher anderen Stelle aus obigen Formeln ihre Deutung erhalten, sind nicht geeignet, Zahlbestimmungen aus ihnen herzuleiten, da die dazu nötigen Angaben fehlen; auch scheint bei Versuchen mit dem dicken Schließungsdraht ein gewaltsam störendes Hindernis in den Weg getreten zu sein, wie nicht nur aus der Ungleichförmigkeit seiner Angaben, sondern auch daraus hervorgeht, daß die Resultate der kleinen Kette mit demselben Schließungsdrahte so außerordentlich schwankend waren, daß es unmöglich war, aus ihnen eine genügende Folgerung herzuleiten. Darum verfertigte ich mir zwei mit Siegellack umzogene Multiplikatoren, jeden aus 220 Windungen bestehend, wovon der eine aus $^1/_5$ Linien dickem Drahte, der andere aus demselben aber 4mal länger gezogenen Drahte gebildet war. Jeder war in zwei gleiche $5^1/_2$ Linien breite, 5 Linien voneinander abstehende und 2 Zoll im Durchmesser haltende kreisrunde Reifen verteilt, zwischen denen genau in der Mitte die 18 Linien lange Nadel schwebte. Es war eine solche Einrichtung getroffen, daß die beiden Multiplikatoren ohne Zeitverlust abwechselnd in sicherer Stellung unter die Nadel
(165) geschoben werden konnten. Kupfer- und Zinkplatten von $3^1/_4$ Zoll im Durchmesser dienten als Erreger und eine starke Salmiakauflösung in flüssiger Form (weil ich gefunden hatte, daß so die Wirkung sicherer als bei einer damit getränkten Tuchscheibe sei, wenn nur die Flüssigkeit in großen Massen angewandt wird) diente als wässeriger Leiter. Die Bestimmung der Kraft geschah auf ähnliche Weise, wie bei den obigen Versuchen und gab für den aus stärkerem Draht gebildeten 263 Teile, für den aus schwächerem Draht gebildeten 68 Teile, wodurch das gefundene Gesetz seine volle Bestätigung erhält.

So wie eine Verstärkung der Kraft bis zu einem gewissen Maximum durch den Multiplikator hervorgebracht wird, wenn $m\,l < (m - l)\,b$; so wird umgekehrt, wenn $m\,l > (m - l)\,b$, durch ihn eine Schwächung der Kraft bis zu einem gewissen Minimum veranlaßt, die sich nach denselben Gesetzen richtet, wie sie eben für die Verstärkung aufgestellt worden sind. Von ihrer Anwendung kann hier, wo ich bloß zur Absicht habe, die allgemeine Gültigkeit der gefundenen Gleichung darzutun, nicht die Rede sein. Nur darauf will ich aufmerksam machen, daß in ihnen der Grund liegt, warum der Multiplikator die Wirkung der thermoelektrischen Kette in den meisten Fällen schwächt; denn es wird nicht leicht der Fall eintreten, wo eine Windung des Multiplikators dem elektrischen Strome weniger Widerstand darbietet, als die thermoelektrische Kette.

Wenn daher NOBILI[33]) so starke Wirkungen mit Anwen- (166)
dung des Multiplikators erhielt, so lag dies in der Empfindlichkeit seiner Nadel und nicht in der Funktion des Multiplikators, wie ich mich durch folgenden Versuch überzeugt habe. Eine ganz nach seiner Anleitung verfertigte Nadel gab mir mit Zuziehung eines aus $^1/_5$ Linien dickem Kupferdrahte verfertigten Multiplikators von 60 Windungen, die $2^1/_2$ Zoll im Durchmesser hatten, durch Berührung der Kette mit der warmen Hand Abweichungen, die nie über 20^0 kamen, während dieselbe Kette, wenn sie als eine Windung von gleicher Größe mit denen des Multiplikators für sich allein angewandt wurde, jene Nadel durch Berührung mit der warmen Hand unter einem Winkel einspielen machte der 70^0 stets übertraf. Diese Vorrichtung kann so abgeändert werden, daß sie dem empfindlichsten Thermoskop in nichts nachsteht.

Die hier nur in groben Zügen entworfenen Theorien der Säule und des Multiplikators bestätigen fast noch mehr als die Versuche selbst, aus denen sie geflossen sind, die Wahrheit des in dieser Abhandlung entwickelten Gesetzes der Leitung der Elektrizität an Metallen. Die dem Scheine nach verschiedenartigsten Wirkungen der galvanischen Kette reihen sich in bunter Mannigfaltigkeit zu einem schönen Ganzen. SEEBECKS[34]) wichtige Entdeckung scheint den Faden zu spinnen, der aus dem Labyrinthe leitet, in das sich der elektrische Strom verzweigt.

GUSTAV THEODOR FECHNER.

III.

(553) **Drei Versuchsreihen, welche die elektromotorische Kraft und die einzelnen Elemente des Leitungswiderstandes betreffen.**

BIOT, Lehrbuch des Galvanismus und der Elektrochemie. Leipzig 1829. Nachträge, S. 553—564.

Ein Plattenpaar, auf den abgewandten Flächen gefirnißt, ward mittels eines Multiplikators[35]) aus 20 Fuß langem übersilberten Kupferdraht, von welchem 16 par. Zoll ohne Bekleidung $2^{1}/_{2}$ preußische Gran wiegen, in einem langen Troge, in dessen Seitenfugen die Platten eingesetzt wurden, zur Kette geschlossen. Diese Schließung ward bei verschiedenen Abständen der Platten im Troge und bei verschiedenen Längen des schließenden Drahtes wiederholt, indem dem Multiplikator sukzessiv mehrere ihm gleiche Drahtlängen äußerlich hinzugefügt wurden. Die einfache Multiplikatorlänge heiße l, der einfache Abstand = 4,81 par. Linien heiße d. Die erregende Oberfläche jeder Platte betrug $14^{2}/_{3}$ Quadratzoll. Die Flüssigkeit war Wasser mit $^{1}/_{83}$ Vol. Salzsäure von 1,096 spez. Gewicht[36]). Vor jeder neuen
(564) Wiederholung der Schließung wurden die Platten frisch gescheuert, oder — ein Verfahren, was hier in hohem Grade anwendbar war — durch Herausziehen auf die früher erörterte Weise wieder in ihren ersten Wirkungszustand versetzt. Zum Maße wurde bloß die zu den ersten 4 Oszillationen erforderliche Anzahl Zeitteile genommen (einige jedoch aus der doppelten Anzahl hergeleitet), wiewohl ich mich später überzeugt habe, daß ich ohne Nachteil für den merklichen Isochronismus 8—12 oder bei den stärksten Kräften selbst mehr Oszillationen hätte zum Maß anwenden können. Die Zählung wurde mit dem Momente der Schließung, die ich stets mit dem Vorbeigehen der Nadel beim Faden koinzidieren machte, begonnen. Die Bruchteile von t sind durch möglichst sorgfältige Schätzung bestimmt, worin man bald eine gewisse Übung erlangt. Die Kraft der

Erde korrespondierte 33 t zu 4 Oszillationen. Keine beobachtete Zahl von t[37]) ist willkürlich abgeändert worden, aber bei II. eine aufgezeichnete Beobachtung weggelassen, die sich in allen Hinsichten vom Mittel entfernte.

Die nachfolgenden Tabellen enthalten die Angabe der zu 4 Oszillationen von der Schließung an erforderlichen Zeitteile, und zwar fast allenthalben wenigstens zwei Beobachtungen für jede Größe von d und l.

I. Zink-Kupfer. (555)

Abstände Drahtl.	2 d		12 d		27 d	
	Zeiten	Kräfte	Zeiten	Kräfte	Zeiten	Kräfte
1 l	4,0	67,1	5,5	35,0	7,0	21,2
3 l	6,0	29,1	—	—	8,0	16,0
5 l	7,69	17,3	8,0	16,0	9,0	12,4
11 l	10,5	8,88	11,0	8,0	11,83	6,78
23,5 l	14,7	4,04	—	—	15,0	3,84
33,5 l	16,0	3,25	—	—	17,0	2,77
55 l	19,0	2,02	—	—	19,58	1,84

II. Zink-Zinn. (556)

Abstände Drahtl.	2 d		14 d		27 d	
	Zeiten	Kräfte	Zeiten	Kräfte	Zeiten	Kräfte
1 l	5,25	38,5	7,14	17,9	8,62	13,6
2 l	6,83	22,3	8,41	14,8	9,64	10,7
3 l	7,87	16,8	9,33	11,5	10,22	9,47
5 l	9,75	10,4	10,75	8,43	—	—
11 l	13,64	4,84	14,0	4,56	14,7	4,14
23,5 l	17,56	2,44	17,93	2,40	18,29	2,25
33,5 l	19,92	1,74	20,16	1,67	20,41	1,61
55 l	23,0	1,06	23,25	1,02	23,29	0,972

III. Zinn-Kupfer[38]). (557)

Drahtl. Abstände	2 d		6 d		14 d		19 d		27 d	
	Zeiten	Kräfte	Zt.	Kr.	Zeiten	Kräfte	Zt.	Kr.	Zeiten	Kräfte
1 l	5,75	31,9	6,5	24,8	7,87	16,4	8,37	14,8	9,5	11,06
2 l	7,33	19,3	—	—	—	—	—	—	10,0	9,89
3 l	8,79	13,0	—	—	10,0	9,89	—	—	11,25	7,61
5 l	10,5	8,88	—	—	—	—	—	—	12,62	5,85
11 l	14,62	4,10	—	—	—	—	—	—	—	—
23,5 l	18,89	2,05	—	—	—	—	—	—	—	—
33,5 l	20,83	1,51	—	—	—	—	—	—	—	—
55 l	24,0	0,891	—	—	—	—	—	—	24,5	0,814

Wie umständlich auch die Methode der hier angeführten drei Versuchsreihen sein mag, so ist sie doch an wichtigen Resultaten, die man daraus ziehen kann, sehr fruchtbar; denn sie gewährt, wenn diese Versuchsreihen mit analogen Versuchsreihen bei abgeänderter Leitungsflüssigkeit kombiniert werden (was in meinen galvanischen Maßbestimmungen geschehen wird), das Mittel

1. das Verhältnis des eigentümlichen Widerstandes eines flüssigen Leiters zu dem eines festen Leiters (des Multiplikatordrahtes) zu bestimmen;

2. den eigentümlichen Widerstand flüssiger Leiter untereinander zu vergleichen und zu bestimmen, ob er von der Beschaffenheit der Metalle, mit denen die Flüssigkeit kombiniert wird, abhängt;

3. den Widerstand des Übergangs, wie er unmittelbar zu Anfang der Schließung vorhanden ist, zu bestimmen;

4. die elektromotorische Kraft verschiedener Plattenpaare zu vergleichen und zu bestimmen, ob sie von der Beschaffenheit der Flüssigkeit abhängig ist.

(558) Zugleich geben die Versuchsreihen Bestätigungen der Gesetze, daß der Widerstand der flüssigen sowohl als festen Leiter wirklich direkt der Strecke derselben proportional ist.

In der Tat, berechnet man die angegebenen Versuchsreihen nach der Formel

$$A : (n\, d + m\, l + w),$$

wo A von der elektromotorischen Kraft, d von dem eigentümlichen Widerstande der Flüssigkeit, l von dem eigentümlichen Widerstande des Drahtes, w von dem Widerstande des Überganges abhängt, n und m aber die von den Dimensionen der flüssigen und festen Leiter abhängigen Koeffizienten sind, so erhält man für die drei Versuchsreihen durch Kombinierung je zweier (durch die vorgesetzten, den angewandten Drahtlängen korrespondierenden Zahlen angedeuteten) Beobachtungen folgende Werte für $l : A$.

I. Zink-Kupfer.

2 d		12 d		27 d	
1 + 5	0,00981	1 + 5	0,00853	1 + 5	0,00838
3 + 11	0,01080	1 + 11	0,00964	3 + 11	0,01063
5 + 23,5	0,01030	5 + 11	0,01042	5 + 23,5	0,00972
11 + 33,5	0,00866	—	—	11 + 33,5	0,00948
23,5 + 55	0,00786	—	—	23,5 + 55	0,00897
33,5 + 1	0,00900	—	—	33,5 + 1	0,00966
55 + 3	0,00887	—	—	55 + 3	0,00925
Mittel	0,00933	Mittel	0,00953	Mittel	0,00944

Gesamtmittel 0,00941.

II. Zink-Zinn.

2 d		14 d		27 d	
1 + 3	0,0167	1 + 3	0,0155	1 + 3	0,0161
2 + 5	0,0171	2 + 5	0,0170	2 + 23,5	0,0164
3 + 11	0,0184	3 + 11	0,0165	3 + 11	0,0177
5 + 23,5	0,0170	5 + 23,5	0,0161	11 + 33,5	0,0166
11 + 33,5	0,0165	11 + 33,5	0,0169	23,5 + 55	0,0185
23,5 + 55	0,0171	23,5 + 55	0,0178	33,5 + 1	0,0168
33,5 + 1	0,0170	33,5 + 1	0,0166	55 + 2	0,0179
55 + 2	0,0169	55 + 2	0,0178	—	—
Mittel	0,0171	Mittel	0,0168	Mittel	0,0171

Gesamtmittel 0,0170.

III. Zinn-Kupfer.

2 d		14 d		27 d	
1 + 3	0,0228	1 + 3	0,0209	1 + 3	0,0205
2 + 5	0,0203	—	—	3 + 5	0,0197
3 + 11	0,0210	—	—	5 + 55	0,0211
5 + 23,5	0,0203	—	—	55 + 1	0,0209
11 + 33,5	0,0186	—	—	—	—
23,5 + 55	0,0201	—	—	—	—
33,5 + 1	0,0194	—	—	—	—
55 + 2	0,0204	—	—	—	—
Mittel	0,0203	—	—	Mittel	0,0206

Gesamtmittel 0,0204.

Es erhellt aus vorstehender Tabelle, daß die Werte von $l : A$ nach obiger Formel berechnet wirklich merklich konstant ausfallen. Setzt man $l = 1$, so wird A aus den Gesamtmitteln berechnet für

Zink-Kupfer	Zink-Zinn	Zinn-Kupfer
10,63	5,85	4,90.

(560) Hiermit hoffe ich die erste genaue Bestätigung gegeben zu haben, daß der elektromotorische Abstand zweier Metalle der Summe der elektromotorischen Abstände der Zwischenglieder in der Spannungsreihe gleich ist; denn 5,85 + 4,90 = 10,75. Hierbei muß ich bemerken, daß Zink und Kupfer käuflich waren, und das Zinn von der Art, wie es die Orgelbauer gebrauchen, also mit Blei versetzt. Man wird also das Absolute der obigen Bestimmungen nicht auf reine Metalle, die ich, wenn ich mir sie werde verschaffen können, nicht unterlassen werde, gleichen Versuchen zu unterwerfen, übertragen dürfen.

Analoge, als die hier angestellten Versuchsreihen, haben mich jedoch zu Resultaten geführt, die für die Theorie noch wichtiger sein dürften; denn sie zeigen, daß die Werte von A unabhängig von der Beschaffenheit der Leitungsflüssigkeit sind, mit denen die Metalle kombiniert werden. So waren die Werte von A für Zink-Zinn bei allen Verdünnungsgraden der Salzsäure, bei Salpetersäure, Schwefelsäure, sowie in Salmiakwasser merklich die nämlichen; dieselbe Übereinstimmung habe ich bei Zinn-Kupfer zwischen Brunnenwasser und salzsaurem Wasser, ferner bei Zink-Kupfer zwischen salzsaurem Wasser und Salmiakwasser gefunden. — Allein — und dies ist ein höchst bemerkenswerter Umstand — in der Regel sieht man in Brunnenwasser die Werte von A bei verschiedenen Leitungswiderständen nicht durchgehends konstant ausfallen, sondern auf Werte von Multiplis und Submultiplis überspringen, und zwar im allgemeinen geringere, wie es scheint, ebenfalls nach Multiplis oder Submultiplis geringere Werte zeigen, als in dem sauren oder salzigen Wasser, wiewohl ich erwähntermaßen auch hier bei Zinn-Kupfer Übereinstimmung gefunden habe, so daß die Beschaffenheit der Flüssigkeit höchstens disponieren kann, verschiedene Werte der elektromotorischen Kraft hervorzubringen. Gar nicht selten ist es mir sogar in Brunnenwasser begegnet, daß ich bei Wiederholung derselben Beobachtung bei demselben Leitungswiderstande und überhaupt unter scheinbar denselben Umständen, fast sukzessiv hintereinander, zwei ganz verschiedene Werte der Kraft erhielt, die mit den anderen Beobachtungen kombiniert ebenfalls auf einen solchen Sprung in der elektromotorischen Kraft deuteten.

Schon früher habe ich dergleichen Beobachtungen, von denen ich noch durchaus nicht weiß, aus welchem Gesichtspunkte sie zu betrachten sind, angedeutet; allein ich hatte damals für die Sprünge gleich beim Eintritt der Platten in die Kette noch keineswegs die vielfachen Belege, in deren Besitz ich jetzt bin, deren Anführung ich jedoch auf meine galvanischen Maßbestimmungen verspare. Ich erinnere hier nur noch, daß eben dergleichen Sprünge sich auch im Laufe des Geschlossenseins der Kette von selbst ereignen, und namentlich scheint bald nach der Schließung ein solcher (561)
einzutreten. Ich hoffe, daß man nicht über diese Beobachtungen absprechen wird, bevor man durch Wiederholung derselben sein Urteil darüber gesichert hat.

Ich habe früher gesagt, daß man durch Vergleichung zweier Ketten aus verschiedenen Metallen bei demselben Leitungswiderstande nicht vermöge, das elektromotorische Verhältnis dieser Metalle nach den ganzen beobachteten Kraftwerten zu bestimmen. Diese Bemerkung bezog sich auf Ketten in Brunnenwasser, in denen der Einfluß der eben betrachteten Sprünge hervorgetreten war, und nur solche hatte ich damals verglichen. Durch die Ansicht der vorigen, in salzsaurem Wasser geschlossenen Ketten erkennt man jedoch, daß schon die Summe der den einzelnen Beobachtungen für Zinn-Kupfer und Zinn-Zink korrespondierenden Werte der ganzen Stromkraft jeder entsprechenden einzelnen Kraft für Zinn-Kupfer nahe gleich ist, wie folgende Zusammenstellung lehrt.

Beobachtete Werte für Zink-Kupfer	Korrespond. summ. Werte für Zinn-Kupfer und Zink-Zinn
67,1	70,4
29,1	29,8
21,2	24,7
17,3	19,3
16,0	17,1
8,85	8,88
4,04	4,49
3,25	3,25
2,02	1,95
1,84	1,79
Mittel 170,70	181,66

Die Übereinstimmung wird, wie man sieht, fast vollkommen bei den Werten, die für einen höheren Leitungswiderstand beobachtet worden sind, minder vollkommen für die bei einem geringern Widerstande, was teils daher rühren kann, daß hier Irrtümer der Beobachtung leichter möglich werden und mehr Einfluß gewinnen, teils daher, daß vielleicht der Widerstand des Übergangs für die verschiedenen Metallpaare nicht zu Anfange ganz gleich ist, welcher Widerstand bei dem hohen Leitungswiderstande, der durch Draht und Flüssigkeit in die Kette gebracht wird, merklich dagegen verschwindet; endlich war auch die Temperatur der Leitungsflüssigkeit nicht ganz gleich bei allen drei Versuchsreihen, bei Zink-Kupfer nämlich = 15° R, bei Zink-Zinn = 17° R, bei Zinn-Kupfer = 14° R. — Der Einfluß der Temperatur scheint aber keineswegs zu vernachlässigen zu sein bei Versuchen, mindestens habe ich öfters in Brun-
(562) nenwasser bei wärmerer Witterung sehr merklich stärkere Werte für dieselben Ketten beobachtet als bei kälterer; ich weiß jedoch nicht, ob dieser Einfluß mehr den eigentümlichen Widerstand der Flüssigkeit oder den des Übergangs betrifft.

Berechnen wir jetzt die Werte von $d : A$ für die drei Plattenpaare, so erhalten wir folgende Bestimmungen dafür.

Zink-Kupfer

bei 1 l	0,00129
,, 3 l	0,00112
,, 5 l	0,00091

Mittel 0,00111

Zink-Zinn

bei 1 l	0,00188
,, 2 l	0,00194
,, 3 l	0,00183
,, 5 l	0,00188

Mittel 0,00188

Zinn-Kupfer

bei 1 l		bei 2 l		bei 5 l	
$2 + 14\,d$	0,00247	$2 + 27\,d$	0,00218	$2 + 27\,d$	0,00224
$6 + 19\,d$	0,00209	$2 + 14\,d$	0,00204		
$14 + 27\,d$	0,00223	$14 + 27\,d$	0,00233		
$2 + 19\,d$	0,00213				
$6 + 27\,d$	0,00236				

Mittel 0,00221

Bleiben wir zuvörderst bei den aus sehr nahe übereinstimmenden Werten abgeleiteten Mitteln der Größe $d : A$ für Zink-Zinn und Zinn-Kupfer stehen, so ergibt sich, wenn wir sie mit den zuvor bestimmten entsprechenden Werten von $l : A$ vergleichen, daß das Verhältnis von $l : d$ bei Zink-Zinn = 9,04, bei Zinn-Kupfer = 9,23 ist, welche Verhältnisse nahe genug übereinstimmen, um für äquivalent genommen zu werden. Bei Zink-Kupfer stimmen die einzelnen Werte, aus denen das Mittel abgeleitet ist, weil die Schwierigkeit der genauen Messung wegen Schnelligkeit der Oszillationen sehr groß wird, nicht nahe genug überein, um das Mittel als genau ansehen zu können; doch fällt der geforderte Wert zwischen die Extreme der beobachteten, und ich habe mich von dem Umstande, daß wirklich der (563)
eigentümliche Leitungswiderstand für verdünnte Salzsäure sowohl als Salmiaklösung für Zink-Kupfer derselbe als Zink-Zinn ist, durch andere Versuchsreihen bei anderen Verdünnungsgraden überzeugt, die ich in meinen galvanischen Maßbestimmungen anführen werde. Die vorstehenden Versuchsreihen enthalten eigentlich auch die Elemente zur Bestimmung des Übergangswiderstandes[39]), wie er gleich zu Anfang der Schließung stattfindet, indem man nämlich vom Gesamtwiderstande den Widerstand des Drahtes und der Flüssigkeit, wie er sich aus dem vorigen ergibt, abzieht. Indes muß bemerkt werden, einerseits, daß auf diese Art der ganze undividierte Irrtum der Beobachtung auf die einzelnen Werte des Übergangswiderstandes fällt, welcher Irrtum in Verhältnis zu diesem Widerstande in dem Maße bedeutender werden muß, je höhere Werte der Gesamtwiderstand bei der Beobachtung hatte (daher die Beobachtungen mit hohem Werte desselben ganz untauglich zur Herleitung desselben werden), so daß man keine so genau übereinstimmenden Werte dafür zu finden erwarten darf, als für die Werte von l und d. Andererseits scheint es, daß der Übergangswiderstand verschiedene Werte annehmen kann, was ich jedoch keineswegs für ausgemacht erklären will.

Es mögen als Beispiel hier diejenigen Werte stehen, welche man für $w : A$ bei dem Zinn-Kupferpaare erhält.

Werte von $w : A$, berechnet für $d : A = 0{,}00221$ und $l : A = 0{,}0204$

	2 *d*	6 *d*	14 *d*	19 *d*	27 *d*
bei 1 *l*	0,00625	0,00666	0,00967	0,00594	0,01003
,, 2 *l*	0,00655	—	—	—	0,00071
,, 3 *l*	0,01132	—	0,00911	—	0,01041
,, 5 *l*	0,00621	—	—	—	0,00892
,, 11 *l*	0,01490	—	—	—	—
,, 23,5 *l*	0,00429	—	—	—	—
,, 33,5 *l*	0,01520	—	—	—	—
,, 55 *l*	0,05930	—	—	—	0,04850

(564) Es erhellt, daß die Werte von $w : A$ für die Beobachtungen bis 5 *l* nahe zu zwei Mitteln, nämlich 0,00632 und 0,00991, zusammenstimmen, mit Weglassung der Beobachtung von 2 *l* 27 *d*. Bei höheren Leitungswiderständen weichen die Werte gänzlich voneinander ab, wie nicht anders zu erwarten stand.

Anmerkungen.

Georg Simon Ohm wurde zu Erlangen am 16. März 1789 geboren. Die Familie stammte aus Westerhold bei Münster in Westfalen; dort war der Urgroßvater Schmied und Schlosser. Der Großvater wanderte nach Franken aus und wurde Universitätsmechanikus in Erlangen. Auch der Vater Johann Wolfgang betrieb hier das väterliche Handwerk. Die beiden Söhne, Georg Simon und Martin, die ihm seine Ehefrau eine geborene Beck schenkte, sollten Größeres erreichen; er ließ sie Gymnasium und Universität der Vaterstadt besuchen. Unser Georg Simon war indes nur 3 Semester immatrikuliert; bald mußte er als Lehrer an privaten und öffentlichen Schulen seinen Unterhalt verdienen. Nach seiner Promotion im Jahre 1811 wirkte er kurze Zeit als Privatdozent für Mathematik in Erlangen. Seit 1817 finden wir ihn als Oberlehrer an dem von Preußen neu eröffneten Gymnasium zu Köln a. Rh., jetzt Dreikönigsgymnasium.

Aber er wollte wissenschaftlich arbeiten, und so wandte er sich dem von Galvani entdeckten und von Volta begründeten neuen Gebiet der galvanischen Elektrizität oder, wie man damals sagte, der „Kontaktelektrizität" zu. Die Ergebnisse dieser Arbeit und vor allem seiner „unzähligen" Versuche sind in 14 Abhandlungen, die er mit Ausnahme der umfangreichsten in verschiedenen wissenschaftlichen Zeitschriften veröffentlichte, niedergelegt.

Die erste aus dem Jahre 1825 ist hier nach dem Erstdrucke in Schweiggers Journal für Chemie und Physik wiedergegeben. In ihr kommt Ohm zu einem Ergebnis, dessen Unrichtigkeit er schon bald, noch im selben Jahre, erkannte. Dieser Fehlschlag war indes nicht wertlos: er lernte die Schwierigkeiten des Gebietes kennen, vor allem die Unbeständigkeit der elektromotorischen Kraft der Stromquelle, eines Zink-Kupferelementes. Ferner erkannte er bis zu einem gewissen Grade die Bedeutung der einzelnen Abschnitte des Stromkreises und ihres Widerstandes. Da die Arbeit zugleich in den von JOHANN CHRISTIAN POGGENDORFF (1796—1877) herausgegebenen Annalen der Physik erschien, trug sie OHM eine der berühmten Anmerkungen dieses auf allen Gebieten der Physik Bewanderten ein: er wurde auf die von SEEBECK eben entdeckte Thermoelektrizität hingewiesen, die damals die einzige konstante Stromquelle lieferte.

Dem so Vorbereiteten gelang im folgenden Jahre 1826 die Entdeckung des nach ihm benannten Gesetzes; sie ist von ihm in der zweiten hier ebenfalls nach SCHWEIGGERS Journal wiedergegebenen Abhandlung beschrieben, die beweist, daß er das Gesetz durch Versuche gefunden hat. Allerdings veröffentlichte er im Jahre 1827 ein Buch unter dem Titel ,,Die galvanische Kette, mathematisch bearbeitet", in dem er eine auf Infinitesimalrechnung gestützte Theorie seiner Entdeckung gab und dem Gesetz, das elektromotorische Kraft, Gesamtwiderstand und Stromstärke verbindet, das zweite theoretisch abgeleitete des ,,Spannungsgefälles" hinzufügte. So konnte der Irrtum entstehen, daß OHM das Gesetz theoretisch gefunden habe. Die vorliegende Arbeit zeigt ihn als einen Experimentator, der seinem Altergenossen M. FARADAY ebenbürtig war.

OHM zeigt in ihr zunächst die Unbeständigkeit des Voltaschen Elementes, welche er ,,das Wogen der elektrischen Kraft" nennt, durch einen zahlenmäßig mitgeteilten Versuch. Dann gibt er einige Versuchsreihen, bei denen man dieses ,,Wogen" ausschalten kann. Das Kernstück der Abhandlung sind die im Januar 1826 angestellten Versuchsreihen, in denen mit dem Thermoelement als Stromquelle das Gesetz gefunden wird. OHM zerlegte den Gesamtwiderstand des Stromkreises in zwei Teile, je nachdem der Strom im Element oder in den in ihrer Länge veränderlichen Kupfer- und Messingdrähten betrachtet wird; diesen nennen wir heute den ,,äußeren" und jenen den ,,inneren" Widerstand. Der „innere" Widerstand, zunächst als mathematische Konstante auftretend, ist von OHM als wichtig erkannt worden. Durch ihn war erst eine mathematische Formulierung des Gesetzes möglich; wenn man ihn berücksichtigte, konnte man Vorgänge bei der Voltaschen ,,Säule", der ,,Wasser"-zersetzung und dem von SCHWEIGGER und POGGENDORFF gleichzeitig erfundenen Multiplikator erklären.

Indes wurde die Entdeckung des wichtigsten Gesetzes der Elektrodynamik nur von wenigen Fachgenossen in ihrer Bedeutung erkannt. Auch die erschöpfende und mit mathematischem Rüstzeug versehene Darstellung in dem oben erwähnten Buch brachte OHM die Anerkennung und den Erfolg, den er erhofft hatte, nicht. Er schied 1828 auf eigenen Wunsch aus dem Schuldienst aus, da die preußische Regierung zwar seine Verdienste als Oberlehrer anerkannte, ihm aber nicht, wie er wünschte, Aussicht auf einen akademischen Lehrstuhl machen konnte. Er selbst war überzeugt, daß er das ,,Fundamentalgesetz des Galvanismus" gefunden habe, ,,eine Gleichung so höchst einfach, daß, wer an der Oberfläche hängen bleibt, den Reichtum von Tatsachen, welche sie in sich schließt, nicht ahnen kann". Daher kämpfte er in den folgenden 5 Jahren, in denen er in Berlin eine gering bezahlte Stelle an der Kriegsschule bekleidete, in weiteren Abhandlungen für seine Entdeckung mit viel Geschick, aber wenig Erfolg.

Erst nach Jahren, als er als Lehrer an der polytechnischen Schule zu Nürnberg seine Arbeiten über Elektrizität aufgegeben hatte, wurde ihm eine unerwartete Anerkennung zuteil: Am 30. November 1841 faßte die Royal Society in London folgenden Beschluß: „Dr. OHM hat zuerst das Gesetz der elektrischen Kette aufgestellt, ein in seiner Tragweite ebenso wichtiger als bisher in unsicheres Dunkel gehüllter Gegenstand. Er hat theoretisch und *experimentell* nachgewiesen, daß die Wirkung einer Kette gleich ist der Summe der elektromotorischen Kräfte, geteilt durch die Summe der Widerstände ... Er hat auch die Mittel angegeben, um die einzelnen Widerstände und elektromotorischen Kräfte in der Kette mit Genauigkeit zu bestimmen ... Wäre das Werk von OHM und sein Wert früher bekannt und erkannt worden, so hätte sich der Fleiß der Experimentatoren besser gelohnt." Am 5. Mai 1842 wurde ihm die goldene Medaille, die COPLEY gestiftet hatte, von der Royal Society verliehen; nur GAUSS hatte sie vor ihm in Deutschland erhalten. Zu den berühmten Mitgliedern der R. S. gehörte damals MICHAEL FARADAY, der ebenfalls Inhaber der Copleymedaille war.

Durch diese Ehrung, die OHM vom Auslande zuteil geworden, wurden seine Leistungen auf dem Gebiet der Elektrizität auch in Deutschland gewürdigt. Dagegen ist wenig bekannt, daß er, der unmusikalische, in der Akustik durch eine grundlegende Arbeit das Phänomen der Klangfarbe erklärt hat. H. VON HELMHOLTZ führte diese Untersuchungen bekanntlich weiter, nicht ohne OHMS Leistung ausdrücklich anerkannt zu haben.

OHM starb am 7. Juli 1854 in München, wo er seit 1849 als akademischer Lehrer für Physik gewirkt hatte. Es entspricht seinem Verdienst um die Lehre vom elektrischen Widerstand, daß sein Name durch internationale Festsetzung mit der Einheit dieser elektrischen Größe verknüft ist.

GUSTAV THEODOR FECHNER wurde am 19. April 1801 in Groß-Särchen bei Muskau geboren. Sein Vater war Pfarrer, und auch die Mutter stammte aus einer Pfarrerfamilie. Der Vater starb früh, aber die tatkräftige Mutter sorgte für die Erziehung ihrer Kinder. Gustav Theodor besuchte das Gymnasium und studierte in Dresden und später in Leipzig Medizin. Dort promovierte er 1822 zum Dr. med. Dann aber wandte er sich, seiner Neigung folgend, der Physik und Chemie zu und wirkte seit 1823 als Dozent an der Leipziger Universität. 1824 starb der Ordinarius für Physik, LUDWIG WILHELM GILBERT, der vor POGGENDORFF Herausgeber der Annalen der Physik war. FECHNER wurde sein Nachfolger und 1831 a. o., drei Jahre später o. Professor der Physik.

FECHNER gehört zu den wenigen Physikern, die die Tragweite des vom OHM entdeckten Gesetzes erkannt haben; er ist der erste, der selbst Versuche gemacht hat, die das Gesetz bestätigten. Ihre Ergebnisse wurden von ihm veröffentlicht in einem Lehrbuch des Franzosen JEAN B. BIOT (1774—1862), das er weniger übersetzte als besonders in der Elektrizitätslehre vollständig umarbeitete. In diesem Werk gab er einen Überblick über die vorliegenden experimentellen Arbeiten OHMS und teilte eigene Versuchsreihen, die nach OHMS Gesetz aufgestellt waren, mit. Im Jahre 1831 erschien dann sein umfangreiches Buch: „Maßbestimmungen über die galvanische Kette", in dem eine Fülle eigener Versuche enthalten sind, ein Beweis, wie wichtig FECHNER die Entdeckung OHMS nahm. Die dritte hier abgedruckte Arbeit von FECHNER ist dem Nachtrag des 1829 in 2. Auflage erschienenen Lehrbuchs von BIOT entnommen und natürlich ganz FECHNERS geistiges Eigentum.

Er hat zunächst statt des thermo-elektrischen das „hydro-elektrische" Element in verschiedener Zusammensetzung benutzt und auf diese Weise den Erfahrungsbereich des Gesetzes erweitert. Indem er OHMS Zerlegung des Gesamtwiderstandes richtig einschätzte, dehnte er die Versuche auch auf die Veränderung des inneren Widerstandes aus, eine weitere Bestätigung seiner Geltung. OHM schrieb im gleichen Jahre in dem 55. Band von SCHWEIGGERS Journal eine Abhandlung: „Experimentelle Beiträge zu einer vollständigen Kenntnis des elektromagnetischen Multiplikators", in der auch er das Gesetz durch Versuche in beiden Richtungen zu bestätigen unternahm. Ferner äußerte sich OHM über FECHNERS Arbeit in einer besonderen Abhandlung, die unter dem Titel: „Gehorcht die hydro-elektrische Kette den von der Theorie ihr vorgeschriebenen Gesetzen oder nicht?" im Jahre 1830 in SCHWEIGGERS Journal erschien, ausführlich. Er legt Wert darauf, daß FECHNERS Versuchsanordnung von der seinigen verschieden ist, trotzdem bestätigen die Ergebnisse das Gesetz, wenn man das „Wogen der Kraft" in Betracht zieht.

Nur in einem Punkte stimmen ihre Ansichten nicht überein: FECHNER nimmt einen besonderen „Widerstand des Übergangs" an und versucht ihn zu bestimmen. Er und mit ihm andere Physiker glaubten, daß ein solcher beim Übergang des Stromes von den Platten zur Flüssigkeit des Elementes vorhanden sei. Auch zu diesem Punkte hat OHM Stellung genommen. In einer Arbeit, die 1833 unter dem Titel: „Zur Theorie der galvanischen Kette" in dem Journal SCHWEIGGERS erschien, weist er nach, daß die durch den Strom erzeugte, ihm entgegengesetzte elektromotorische Kraft sich in der Formel als eine Vergrößerung des Widerstandes auswirkt. Man sieht, wie eng die Zusammenarbeit der beiden Forscher war.

Im übrigen ist heute die Frage der unbeständigen galvanischen Elemente gelöst, seitdem im Jahre 1835 JOHN FREDERIC DANIELL (1790—1845) das erste konstante galvanische Element erfunden hat.

FECHNER ist durch eine schwere Erkrankung gezwungen worden, seinen Lehrstuhl der Physik aufzugeben. Nach der Genesung wandte er sich der Philosophie und insbesondere der Psychologie zu, die er um einen neuen Zweig, die Psychophysik, bereicherte. Er starb hochbetagt als einer der eigenartigsten Lehrer, die Deutschlands Hochschulen geziert haben, am 18. Mai 1887.

[1]) Zu Seite 1. Bei Pariser Zoll (= 2,7 cm) ist die Höhe 35 cm und die Länge 43 cm.

[2]) Zu Seite 1. Der Widerstand dieser Messingdrähte ist etwa 0,024; 0,072; 0,22; 0,43; 0,74; 1,7 Ohm.

[3]) Zu Seite 2. Der unveränderliche Leiter hat einen Widerstand von ungefähr 0,017 Ohm.

[4]) Zu Seite 2. Merkwürdigerweise bestimmt OHM in dieser ersten Arbeit den ,,Kraftverlust" im Verhältnis zur ,,Normalkraft" des Stromes, in moderner Bezeichnung: $v = (J_0 - J) : J_0$.

[5]) Zu Seite 2. Der Widerstand des Leiters f ist rund 5,6 Ohm.

[6]) Zu Seite 3. Hier zerlegt OHM den Gesamtwiderstand in einen Teil a, den unveränderlichen, und einen Teil x, den veränderlichen Widerstand; er versteht allerdings unter a nur den Widerstand der Zuleitungen und nicht, wie es richtig ist, auch den des Elements.

[7]) Zu Seite 5. Diese falsche Formel ist anderen ebenfalls falschen von Forschern aus dieser Zeit ähnlich. Ihre Übereinstimmung mit der Erfahrung gilt nur für einen gewissen Bereich. Die richtige Formel nach dem von OHM später entdeckten Gesetz lautet:

$$\frac{J_0 - J}{J_0} = \frac{R}{R_0 + R}, \quad J_0 = \frac{E}{R_0}, \quad J = \frac{E}{R_0 + R}.$$

Diese Formel, die übrigens als Verhältnisgleichung von der elektromotorischen Kraft und der Einheit des Widerstandes unabhängig ist, ergibt Abweichungen von den durch Ohm bestimmten Werten, weil sie eine unveränderliche elektromotorische Kraft der Stromquelle voraussetzt, während in OHMs falscher Gleichung das ,,Wogen der Kraft" stillschweigend berücksichtigt ist. Die anschließende Erörterung zeigt durch ihre wirklichkeitsfremde Art, daß OHM noch nicht zu der Klarheit der folgenden Arbeit vorgedrungen ist.

[8]) Zu Seite 5. W. H. WOLLASTON (1766—1828) war Arzt und Physiker in London, JOH. S. CHR. SCHWEIGGER, o. Professor der Physik in Halle (1779—1857) ist der Erfinder des Multiplikators. GILBERT siehe S. 40.

[9]) Zu Seite 5. Thermomagnetismus = Thermoelektrizität.

[10]) Zu Seite 6. Das ,,Nachschreiben" ist der beste Teil dieser ersten Arbeit, weil es die guten Beobachtungen OHMs über das ,,Wogen der Kraft" enthält. Der angegebene Versuch eignet sich als Demonstrationsversuch, um die Unbeständigkeit des Voltaelements zu zeigen.

[11]) Zu Seite 8. PETER BARLOW (1780—1862), Professor der Physik in London beschäftigte sich mit Elektromagnetismus und erfand ein Rädchen, das sich stromdurchflossen im magnetischen Felde dreht. ANT. C. BECQUEREL (1788—1878), Professor am Musée d'histoire naturelle zu Paris, Großvater des Entdeckers der ,,Becquerelstrahlen", war ein sehr fruchtbarer Forscher, besonders auf dem elektrischen Gebiet.

[12]) Zu Seite 9. Diese Abhandlung, ,,Die mathematisch bearbeitete Theorie der Kette" erschien 1827 in Berlin.

[13]) Zu Seite 11. Der Leitungswert dieser Metalle ist nach modernen Messungen etwa: Kupfer 1000, Gold 833, Silber 1090, Zink 281, Messing 277, Eisen 193—116, Platin 163, Zinn 144, Blei 85.

[14]) Zu Seite 11. Hornsilber = AgCl ist ein Silbererz.

[15]) Zu Seite 11. Die „Ölhaut" entsteht dadurch, daß die zum Ziehen der Drähte gebrauchten Steinlöcher aus Rubin usw. gefettet sind.

[16]) Zu Seite 12. Thermomagnetisch = thermoelektrisch.

[17]) Zu Seite 12. Nach der Formel der ersten Arbeit ergibt sich $v = 0{,}452 \log (1 + 1500/4{,}5) = 1{,}14$, d. h. mehr als 100% Verlust.

[18]) Zu Seite 14. D. Fr. Arago (1786—1853) war Professor an der école polytechnique zu Paris.

[19]) Zu Seite 17. Der Widerstand der 8 Drähte ist 0,3—19,5 Milli-Ohm; Ohm mußte ihn kleiner wählen, da die elektromotorische Kraft des Thermoelementes kleiner ist als die des Voltaelementes.

[20]) Zu Seite 19. Diese Ansicht über die Vorgänge im galvanischen Element beruht auf Anschauungen, die M. Faraday bekämpft und durch Versuche widerlegt hat. Vgl. Ostwalds Klassiker Nr. 86.

[21]) Zu Seite 19. In der Mitteilung dieses einfachen Gesetzes liegt der Wert dieser Abhandlung Ohms. Die Konstanten a und b sind richtig erkannt: a, die elektromotorische Kraft des Thermoelementes, konnte von Ohm nur indirekt bestimmt werden, da Spannungsmesser für diese kleine Größe nicht existierten; b ist der hier richtig verstandene „innere" Widerstand. Zur Bestimmung dieser beiden Konstanten braucht Ohm also wenigstens zwei Messungen. Man erkennt die Genauigkeit der 40 Messungen daran, daß die gemessenen von den berechneten Werten nie mehr als 1% abweichen.

[22]) Zu Seite 19. In modernen Einheiten lautet eine Reihe der Tabelle in runden Zahlen, wenn die elektromotorische Kraft des Elementes gleich 9 Milli-V gesetzt wird:

Leiter	1.	2.	3.	4.	5.	6.	7.	8.
Stromstärke in A	2,7	2,4	2,3	2,0	1,6	1,1	0,7	0,4

[23]) Zu Seite 20. 1,25 Teil der Drehwaage ist etwa 10 Milli-A. Der Vergleich von Kupfer und Messing in diesem Abschnitt ist im Zahlenmaterial heute nicht mehr ganz zutreffend.

[24]) Zu Seite 20. 619 bedeutet rund 0,84 Milli-V. Hier steht im Original ein nach Fechners Wiedergabe in dem Lehrbuch von Biot verbesserter Druckfehler.

[25]) Zu Seite 20. H. Davy (1778—1829) ist der Förderer, Lehrer und Vorgänger M. Faradays.

[26]) Zu Seite 24. Die Anwendung des Gesetzes gibt zum ersten Male richtig die Gesichtspunkte an, nach denen mehrere Stromquellen geschaltet werden müssen.

[27]) Zu Seite 24. J. B. J. Baron de Fourier (1768—1821) und H. Chr. Oerstedt (1777—1851) sind die bekannten Physiker,

der eine als Wärmetheoretiker, der andere als Entdecker des Elektromagnetismus.

28) Zu Seite 25. J. G. CHILDREN (1777—1852) verbesserte die galvanischen Elemente.

29) Zu Seite 25. K. G. BISCHOF (1792—1870) war o. Professor der Geologie und Chemie zu Bonn.

30) Zu Seite 26. Die Stärke des magnetischen Feldes eines Stromes ist proportional den „Amperewindungen" pro cm; diesem Umstande verdankt der Apparat seinen Namen. Die Magnetnadel liegt senkrecht zu den Feldlinien, ihre Ablenkung ist ein Maß für die Stromstärke.

31) Zu Seite 27. $a : l$ ergibt sich, indem in der Gleichung $X = am : (b + ml)$ zuerst $b = nl$ und dann $n = 0$ gesetzt wird.

32) Zu Seite 27. Daher konstruierte man „Galvanoskope", die zwei Wicklungen haben, eine mit wenig Windungen aus dickem Draht und eine mit vielen Windungen aus dünnem Draht.

33) Zu Seite 29. L. NOBILI (1784—1835) Professor der Physik in Florenz erfand die Thermosäule und das astatische Nadelpaar.

34) Zu Seite 29. TH. SEEBECK (1770—1831) Professor der Physik zu Berlin entdeckte die Thermoelektrizität.

35) Zu Seite 30. Der Multiplikator wird von FECHNER in folgender von BIOT und SAVART vorgeschlagenen Weise gebraucht: Die Nadel steht parallel zu den Feldlinien des Stromes, der durch die Windungen fließt; sie macht durch einen Stoß aus der Ruhelage gebracht Schwingungen, deren Periode ein Maß für die Feldstärke sind. FECHNER nennt die Zahl der Zeitteile, die die Nadel für 4 Schwingungen nur unter dem Einfluß des Erdfeldes macht, n. Geht nun durch die Windungen ein Strom, so wird die Feldstärke der Erde um die des magnetischen Feldes des Stromes vermehrt, die Schwingungen werden schneller und die Anzahl der Zeitteile für diese Zahl von Schwingungen sei n'. Dann ist nach der Schwingungslehre die Feldstärke der Erde proportional $1 : n^2$, diejenige von Erde und Strom proportional $1 : n'^2$, so daß die Feldstärke des Stromes allein gesetzt werden kann:

$$H = \frac{1}{n'^2} - \frac{1}{n^2} = \frac{n^2 - n'^2}{n^2 \cdot n'^2}\,.$$

FECHNER nimmt $1 : n^2$ als Einheit und berechnet:

$$H = \frac{n^2 - n'^2}{n'^2}$$

als Maß der „Kraft des Stromes".

36) Zu Seite 30. Die Platten FECHNERS sind 108 cm² groß, ihr Abstand ist rund 1 cm. Die Zahlen für den Draht scheinen falsch zu sein, da er nach ihnen fast 3 mm dick wäre. Seine Länge ist 6,5 m. Rechnet man mit den Angaben über die Flüssigkeit, so ergibt sich für den Widerstand der Flüssigkeit bei einem Abstand der Platten $1\,d$: 0,013 Ohm, also $27\,d$: 0,36 Ohm. Daraus folgt der Widerstand einer Multiplikatorlänge $1\,l$ zu 0,12 Ohm oder $55\,l$ zu 6,5 Ohm. Unter diesen Annahmen ist der Draht etwa 1,1 mm dick

oder 0,5 Linien. Die Stromstärken werden dann auf etwa 7—0,15 A kommen.

37) Zu Seite 31. $t = {}^3/_7$ Sekunden, so daß 140 t auf die Minute gehen.

38) Zu Seite 31. OHM hat in einer Arbeit in SCHWEIGGERS Journal, Bd. 58 (1830) die Werte FECHNERS so nachgerechnet, daß er die n-Werte mit den kleinsten Abweichungen voneinander benutzte. Dann ergibt sich folgende Zusammenstellung für Zink-Kupfer und den Plattenabstand

$2d$	$1\,l$	$3\,l$	$5\,l$	$11\,l$	$23{,}5\,l$	$33{,}5\,l$	$55\,l$
FECHNER, best	67,1	29,1	17,3	8,88	4,04	3,25	2,02
OHM, ber	88,8	34,1	21,1	9,84	4,66	3,28	2,00

Dazu sagt OHM: „Unterschiede von solcher Stärke sind ganz geeignet, den mutigsten Rechner scheu zu machen, und ich zweifle keinen Augenblick, daß, wenn ich ihnen bei meinen ersten prüfenden Versuchen begegnet wäre, sie mein Vertrauen auf die Theorie gar sehr verringert hätten.“ Dann bemerkt er weiter: „Es läßt sich aus den bisherigen Betrachtungen der für die Experimentierkunst nicht unwichtige Schluß ziehen, daß die Resultate der nach FECHNERS Methode angestellten Versuche mit einer in solchen Dingen beispiellosen Schärfe der Formel sich anschmiegen werden, wenn man entweder so hohe Kräfte, bei welcher die Dauer von je vier aufeinander folgenden Schwingungen sich merklich ändert, gar nicht zuläßt, oder im Falle man sie beibehalten will, die Dauer von sieben bis acht Schwingungsperioden einzeln bestimmt.“

39) Zu Seite 37. OHM machte in der oben erwähnten Abhandlung aus dem Jahre 1833 folgenden Ansatz, um den „Übergangswiderstand“ zu erklären. Die e. K. des Voltaelementes nimmt beim Schließen um eine Größe ab, die der Stromstärke proportional ist, also wird

$$J = (E - r\,J) : R\,.$$

Daraus folgt

$$J = E : (R + r)\,,$$

d. h. die der e. K. des Elementes E entgegenwirkende e. K. $= r\,J$ verkleinert die Stromstärke J ähnlich, wie wenn sich der Widerstand R um die Größe r vermehrt hätte.

C. PIEL.

OSTWALDS KLASSIKER DER EXAKTEN WISSENSCHAFTEN

Band 228

W. WIEN · O. LUMMER

Das Wiensche Verschiebungsgesetz
Die Verwirklichung des schwarzen Körpers

Hrsg.: M. v. Laue

2. Auflage 1997, 67 Seiten, kt.,
ISBN 3-8171-3228-X

Der deutsche Physiker Wilhelm Wien (1864-1928) erlangte mit seinen Arbeiten zur Theorie der Wärmestrahlung Weltgeltung. 1900 trat er an der Würzburger Universität die Nachfolge Röntgens an, der nach München ging. 1911 erhielt Wien den Nobelpreis für Physik. Als sich Röntgen Ende 1919 vom Lehramt zurückzog, wurde Wien auch dort sein Nachfolger.

Otto Lummer (1860-1925), deutscher Experimentalphysiker, arbeitete ebenfalls an der Präzisierung des Strahlungsgesetzes.

Das „Wiensche Verschiebungsgesetz“, also der Zusammenhang zwischen der Temperatur eines „schwarzen Strahlers“ und der Wellenlänge maximaler Lichtabstrahlung und die Erkenntnis, einen strahlenden schwarzen Körper mit der Gleichgewichtsstrahlung in einem Hohlraum identifizieren zu können, bilden die Grundlage unzähliger wissenschaftlicher und technischer Anwendungen.

Im Band sind die beiden wichtigsten Arbeiten Wiens zur Aufstellung seines Verschiebungsgesetzes abgedruckt. Seine Untersuchungen sind sowohl für die theoretische als auch für die Experimentalphysik von Bedeutung. Sie ebneten zusammen mit den Arbeiten anderer zeitgenössischer Physiker den Weg zur Quantentheorie.

Die gemeinsame Abhandlung Wiens und Lummers ist eine für die experimentelle Prüfung des Strahlungsgesetzes grundlegende Arbeit.